# 畑のある生活

「やさい暮らし」代表
伊藤志歩

朝日出版社

# 畑のある生活◉目次

## 第五章　あなたにも始められる、畑のある生活――　171

# 第一章

# 新しい農家の時代

# 農家の時代がやってきた

最近、都心のカフェやレストランでは、「しげファームのサラダ」「もくもく耕舎からの産地直送野菜」といった、農家名のついたメニューを見かけることが多くなりました。中には「野菜の産地を訪ねるツアー」を企画するお店や旅行代理店も現れ、女性を中心とした自然派志向の人々の心をとらえているようです。雑誌やテレビでも、農家のライフスタイルや、産直野菜の特集などを見かけることが多くなってきました。今でこそ、当たり前のことのように思えるこうした状況も、10年前には考えられないことでした。

現在、私は「やさい暮らし」という、インターネット上の野菜のセレクトショップを運営しています。そこでは、自給自足的な生活を営みながら、農薬や化学肥料を使わない農法で野菜を育てる農家を紹介しており、彼らの野菜が買えるようになっています。特徴は、野菜を選ぶのではなく、〝農家を選ぶ〟ところで、購入すると自分の選んだ農家から直接野菜が届きます。

このような仕組みにした理由はいくつかありますが、最大の理由は、私自身が農家の大ファンで、農家の個性や温かみ、そして、農家から直接野菜が届く楽しさをもっとたくさんの方に知ってもらいたいと思ったからです。現在でこそそうした販売方法に共感するたくさんのお客さんに支えられていますが、私が野菜の流通に関わる職に就こうと思い始めた10年前は、そうした気持ちを理解してくれる人は多くありませんでした。

当時はクラブ、DJ、VJといった夜遊びの全盛期。都会の若者たちの農業に対する関心は皆無に等しく、「私は農家のウェブサイトをつくるから」と友人に話しても、「面白いこと言ってるね」と軽くあしらわれる程度でした。そしてミーハーな私は「本当にやりたいのは農業関係だけど、VJもやっぱり捨てられない……」と、夜な夜なクラブに出没してはVJごっこをして、白む朝の空の下、ハンバーガーを食べるという生活を送っていた時代もありました。

それから時代は変わり、クラブよりヨガ。ハンバーガーよりマクロビオティック。徹夜よりも早起きしてジョギングと、放蕩生活を送るより、太陽の光を浴びて健康的な生活を送る人が増えているようです。そして、こうした健康志向の高まりから野菜の良さが見直されるようになり、さらには、より安全な野菜が食べたいと、生産者の顔が見える野菜を求める声が高まりました。そして今、野菜を飛び越えて「農家そのもの」までもが注目を浴びるようになっています。そうです、私が長いこと待ち望んだ「農家の時代」がやってきたのです。

ではいったいなぜ、このような変化は起きているのでしょうか。そしてまた「農家」とはどのような人たちなのでしょう。『畑のある生活』では、実際に農業に従事する農家たちのインタビューを交えながら、農家をとりまく世界を映し出したいと思います。

## 自分探しの果てに見つけた農家という希望

私が「やさい暮らし」を始めるまでの道のりを少しお話ししたいと思います。

私の前職はカメラマンで、広告などの商業写真を撮っていました。しかし、その仕事が本当に自分のやりたいことではないような気がして、「このままでいいのか」と自問自答の日々が続いていました。

そこであるとき、思いきって会社を辞め、自分探しの旅に出たのです。最初の行き先はフランスで、パリ、アルル、モンペリエ、ボルドー、ニースと、興味の湧く所には手当たりしだい行きました。しかし何も見つかりません。日本に帰ってからも国内の旅を続けましたが、何も心にひっかかりませんでした。

「私にやりたいことなんてなかったのかも」とあきらめかけていたある日。部屋でかかっていたブライアン・イーノの「Music For Airports」という曲を聴いているうちに、無性に山で生活をしてみたくなってしまいました。しかし、1年間も旅を続けていたため、資金がありません。そこで、ひらめいたのが「山小屋バイト」です。「山小屋バイトだったら、行きの電車賃さえあれば何とかなる」と、求人雑誌をめくり、スタッフを募集していた山小屋での生活をスタートさせました。

山での生活は、都会の生活からはかけ離れたものでした。一番の違いは、生活において自然の力が占める割合がとても多いことです。自然の力があまりにも偉大なので、人々はそれを素直に受け入れざるを得ないのです。かつて人々はそうして自然を敬いながら生きていたのでしょうが、現代社会では、自然の偉大な力をつい忘れてしまいがちです。山での生活で、これまで人間を中心とした小さな世界しか知らなかった私は、自然という大きな世界の中で、自然界の一員として生きることを知り、言葉にできない安堵感を覚えました。この体験から、「私のやりたいことは、自然の中で生きることだ」という答えを得ることができたのです。

しかし、永遠に山小屋バイトを続けていくわけにもいきません。そこで見つけた持続的に自然と共に生きる方法が「農家」だったのです。

## つくり手から伝え手へ、流通という選択

「農家」という生き方に憧れたまではいいものの、実際に農家になる方法がわかりませんでした。どうやって農家になるのか、どうやって野菜を育てるのか、そして、どうやって野菜を売るのか。しかし、生意気にも「野菜は環境に負担をかけない農法で育て、その価値をわかってくれる人に直接売ろう」という思いだけはありました。

どうしたらそんなことができるのだろうか、と考えているときに、目に飛び込んできたのが、当時普及しつつあったインターネットについての記事でした。そこには「インターネットを使えば、誰もが自分の情報を発信できる」と書かれていました。その記事を読んで、「これを使えば何とかなるんじゃないか」と思ったことを今でも鮮明に覚えています。

農家になりたいという憧れを抱いてはいたものの、本来、根なし草的な放浪癖があり、定住して生きることにためらいのあった私は、「農家」そのものになるのではなく、インターネットを使って、自分がやりたいと思うような農家を手助けできる流通の仕組みをつくってみようと思ったのです。

その後は、インターネットの勉強をし、制作会社でウェブサイト構築の実務を重ねた後、千葉県の農村に移住して、有機野菜の流通会社に勤務しました。その会社では、インターネット担当として農家を取材し、その記事をインターネットやメルマガを通して伝える仕事をしていました。そして取材を通してたくさんの農家の話を聞くうちに、個々の農家によって栽培方法や野菜の味が違うということや、理念や個性が様々であるということがわかるようになっていったのです。

一般的な流通会社の野菜宅配では、複数の農家から野菜を仕入れ、それを野菜セットにして宅配するという方法をとることが多く、当時勤めていた流通会社でもこの方法をとっていました。そうした方法は、たくさんの注文に対応できたり、欠品を少なくするなどのメリットがあるのですが、その反面、ひとつの種類の野菜であっても、複数の農家から仕入れるため、個々の農家の違いを打ち出すには限界がありました。

そこで、もっと小規模でいいから、農家による個性や味の違いをもっとお客さんに理解してもらう方法はないかと思い、考え出したのが、現在の「やさい暮らし」の〝農家を選んで野菜を買う〟という仕組みだったのです。

## 若い人たちの農家への熱意

農家が注目されるようになったことはとても嬉しいことです。しかし、ここ数年のあまりの急激な変化には、こうした状況を望んでいた私でさえも驚いています。ほんの数年前までは、「農家」といえば、辛くて苦しい重労働、田舎くさいというイメージを持っている人がほとんどだったのではないでしょうか。

ところが、今や農家がまるで時代の花形職業であるかのような人気ぶりです。最近では農家をゲストとして招いた食や農のイベントが開かれたり、ファーマーズ・マーケットが各地で開催されるなど、農家とお客さんとが触れあう機会も増えてきているようです。

「やさい暮らし」でも、東京の目白で農家とお客さんとが交流するイベントを催したことがありましたが、そのときもあっという間に満席になってしまい、キャンセル待ちが出るほどでした。そのイベントでは6組の農家がゲスト出演し、農家になった理由や日々の出来事などを直接お客さんに伝えることができました。そして最後には、農家とお客さんとが自由に話せるフリータイムを設けたのですが、内心、農家とお客さんとの話が盛り上がるのかとても不安でした。しかし、実際には、あっという間に農家のまわりを都会の若い人たちが取り囲み、挨拶を交わしたり、「いつもはどんなふうに野菜をつくっているのですか」といった質問を投げかけたりと、ものすごい熱気に包まれ、都会の方たちの農家に対する興味の深さを改めて知ることができました。

## 若い人たちが憧れる農家の生き方

なぜ今、こんなにも農家が人気を集めているのでしょう。

消費者として「安全な野菜をつくる人を知りたい、会ってみたい」ということも、もちろんあるのでしょうが、イベントなどで出会う人たちには「私も農家になってみたい」「自給自足的な暮らしをしてみたい」という人が少なくありません。その人たちになぜそう思うのかと聞くと、自分で自分の食べ物をつくるシンプルな生き方をしてみたいとか、自然の中で暮らしてみたいという答えが返ってきます。また、今の都市生活に疲れてしまったという人もいます。

これまで私たち人間は、近視眼的な欲望を満たすために、大量生産、大量消費をよしとする社会を進めてきた結果、どうにもならないほど自然環境を破壊してきてしまいました。こうした現状を目の当たりにした若い人たちが、これまでの生き方に代わる人間らしいシンプルな暮らしに憧れることは、とても自然な流れなのだと思います。

もちろん、農家になることだけが、そうした生き方を実現できるわけではありません。都市生活においても、人間らしい生活をしている人はいるでしょう。ただ、農家という生き方は、とてもわかりやすく、シンプルな暮らしを体現できるのだと思います。

農家たちは、自然と共存しながら、ごくごくシンプルな生活を送っています。自分たちの食べ物をつくり、家族を大切にする暮らしがあり、その延長線上に、野菜の販売がある。お客さん一人ひとりのことを、友達や親戚のように大切にするやりとりには、お金だけではない感謝や、思いやりの気持ちがあふれています。

そもそも人間は自然の一部として誕生し、自然界の一員として生きてきました。自分たちが自然の一部であることを再認識させてくれる生き方を、現代で実践しようとすると、農家のような暮らしに行き着くのではないかと私は思います。

## 新しい農家のあり方

これまで、「農家」についてお話ししてきましたが、農家と一言にいっても様々なタイプがあります。農薬や化学肥料を使う農家、使わない農家。ビニールハウスなどの施設を使って栽培する農家、露地栽培にこだわる農家……と、挙げればきりがないので、少し整理をしてみましょう。

農業には大きく分けるとふたつのタイプがあります。それは「慣行農業」と、「有機農業」です。慣行農業とは、農薬や化学肥料を使う農法で、戦後に普及し、現在は大多数の農家がこの農法で育てています。有機農業とは、農薬や化学肥料を使わずに行う農業で、今から30年ほど前に農薬や化学肥料に疑問を持った農家たちが安全な野菜をつくろうと始めた農法です。

現在、私たちが憧れの対象として「農家」という言葉を口にするときは、後者の有機農業を行う農家を指していることが多いように思います。先ほど、農家のイメージが短期間で大きく変わったという話をしましたが、正確にいえば農業そのもののイメージが変わったのではなく、これまでは知る人ぞ知る存在であった少数派の有機農業が、健康志向や環境問題に対する関心の高まりによって、急浮上してきたということでしょう。そして他業種から新しく農業の世界に入る若者たちには、慣行農業よりも有機農業を目指す人が多いため、彼らの持っている若いパワーやセンスが、有機農業をより魅力的なものにしているのです。

しかし、実際には有機農業にも多様な農法や考え方があり、「有機農業」と一言で括《くく》ることは、非常に困難です。農法による違いは四章でご説明しますので、ここでは世代別に見た有機農家の違いをご紹介したいと思います。

まずひとつ目は「有機農業第1世代」。現在60代前後の方に多く、今から30年ほど前に農薬や化学肥料を使う慣行農業に疑問を感じ、それらを使わずに安全な野菜をつくろうと有機農業という分野を切り開いたパイオニアたちです。今でこそ、県を挙げて環境保全型農業を推奨するような動きもありますが、当時の農村では、農薬や化学肥料を使わずに野菜をつくることはごく稀で、異端的な農家としてとらえられることが多かったようです。そのため、村八分にあって口を聞いてもらえなかったり、虫が出るのはお前のせいだなどと文句を言われたり、ずいぶんと苦労があったそうです。

ふたつ目は「有機農業第2世代」です。現在40代前後の方に多く、第1世代よりも、ビジネス面で現実的です。田舎くさく低収入といった、農業の持つネガティブなイメージを変え、農業という産業自体を活気づけようとしている方が多く見られます。希少価値の高い野菜を栽培したり、自分の農園をブランド化させて野菜の付加価値を上げたり、利益率の高いカット野菜や、冷凍野菜の生産に乗り出すなどして経営を多角化する方もいます。彼らの特徴は、農業を「野菜を育てるだけ」とはとらえず、会社経営の延長線上に農業をとらえ、農場を経営して利益を出していくことに意欲的な人が多いことでしょう。

そして、最後が「有機農業第3世代」。30代前後の方に多く、農業を仕事ではなく生き方としてとらえる傾向にあるといえます。農業を営んでいるというより「自給自足的な農的生活を実践している」といった方が適切かもしれません。まず自分自身が自給自足的な生活を送るという目的があり、その延長線上に、農作物の販売があるというような流れです。こうした新しいスタイルが育まれた背景としては、有機農業第3世代には、ニュージーランドやオーストラリアなどの海外で農業の勉強をしてきた人が多く、日本の農業の価値観にとらわれず、まったく新しい視点で〝農〟をとらえている点や、彼ら自身が、複雑化した現在のグローバル社会や資本主義社会、環境破壊などに行き詰まりを感じ、それらに代わる持続可能な生き方として〝農〟を中心とした持続可能で自給自足的な生活を選び、他業種から参入している点が挙げられます。

本書では、このユニークで独創的な生き方を実践する「有機農業第3世代」を「自給自足的な農家」と名付け、掘り下げていきたいと思います。まず、二章では農業を取り巻く現状を、そして三章では、個々の農家にスポットを当て、彼らがなぜ農家という生き方を選択し、どうやって農業を実践しているかを、そして、四章では彼らを支える価値観や農法を紹介します。そして、最後の五章では読者がすぐに実践できる農的な生き方を生活に取り入れる方法をお伝えしたいと思います。

# 第二章

# 農家は今、こうなっている

## 農家も楽じゃない

一章では、農業に対する関心が高まる一方であるということと、いかに「自給自足的な農家」が魅力的であるかについてお話ししました。それでは、「自給自足的な農家」になればいいことばかりが待ち受けているのでしょうか。どんな生活でも同じですが、もちろん農家も、いいことばかりではありません。彼らも霞《かすみ》を食って生きているわけではありませんから、現実社会を生き抜き、経済活動を行うことが必要です。しかも、土台となる農業を取り巻く現在の環境は決してなまやさしいものではありません。現在、日本の農業には、従事者の高齢化、担い手不足、自給率の低下、温暖化などの深刻な問題が立ちはだかっています。詳しくは本章でご紹介しますが、どれもが危機的

表1　1年間の販売金額別農家数

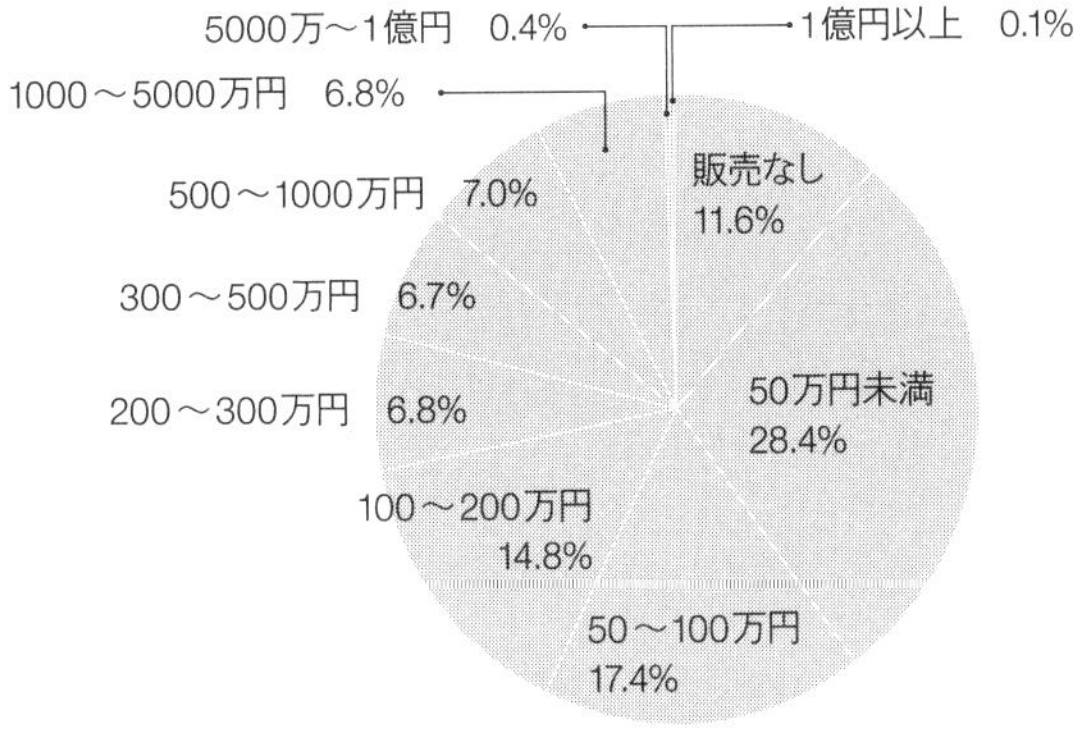


出典：農林水産省「2005年農林業センサス」より

状況にあるといっても過言ではありません。

一方、消費サイドでは、国産野菜、有機野菜に対する需要が高まっており、農業をビジネスチャンスととらえる人も少なくはないようです。農林水産省のデータ（表1）によると、年間の販売金額が500万～1千万円の農家が7％、1千万～5千万円の農家が6・8％、5千万～1億円の農家が0・4％と少ない割合ですが、ビジネスとしての成功者がいることも事実です。しかし、大半（79％）が300万円以下ということから、農業が高収入を見込みやすい職業であるとはいえないでしょう。

## 農家の暮らしをシミュレーションしてみる

「自給自足的な農家」は、精神面ではとても豊かな暮らしをしていますが、収入が多いかといえば、決してそんなことはありません。単価の低く、天候に左右されやすい野菜を販売して、生計を成り立たせることは簡単なことではないのです。特に、「自給自足的な農家」たちは農法においても収量を上げることや販売しやすさよりも、安全な農法で野菜づくりをすることや、環境に負担をかけない自然な栽培を行うことにこだわりを持っているため、生産、販売という視点から見れば、非効率的であることも否めません。もちろん、彼ら自身が金銭的な豊かさよりも、精神面での豊かさを求めて選んだ生き方であり農法なので、悲愴感はまったくありませんが大変であることは事実です。

そうはいっても、イメージができないと思いますので、農家が野菜を売って収入を得ることがどのようなことなのかをシミュレーションしてみたいと思います。農家となって自給自足的な生活をするために必要な生活費は、住んでいる地域や、ライフスタイルによって大きく変わるため、いくらあれば自給自足的な生活が営める、とは一概に言えません。ですので、国税庁の出している農林水産業の平均年収２９７万円を、野菜セットの販売で得るためにはどうすればよいか見てみましょう（実際には販売価格から経費を引く必要がありますが、設備や規模によって大きく変動するため、ここでは売上＝年収として計算します）。

年間２９７万円ということは、１ヵ月24万円の売上げが必要です。１セット２千円の野菜セットで換算すると１ヵ月に１２０セット、１週間に30セットです。個人宅配の場合は、隔週ペースで１ヵ月に２回購入する定期購入のお客さんが多いので、それを基準に計算すると、定期購入のお客さんが60世帯いれば、１ヵ月に１２０セットの野菜が販売できる計算になります。60世帯と聞くと、簡単なように思えるかもしれませんが、実はこれがなかなか難しいのです。

## 野菜づくりの不確定要素

まずは、おいしい野菜をつくれなければ売れませんが、農業は職人仕事でもあるので、ある程度の経験を重ねなければ、なかなか思ったような野菜がつくれません。しかも、数種類の野菜を入れた「野菜セット」を販売するためには、常時10種類前後の野菜を収穫できる状態を保たなければならないのです。それも、お客さんが料理をしやすいように、葉物、根菜、果菜類などがバランス良くセットに入るように工夫する必要があります。

しかし、一つひとつの野菜の生育の癖もありますし、畑も場所によって癖があります。雨が続いたり、気温が上がらなかったり、天候によって栽培計画通りに野菜が育たないことは日常茶飯事です。収穫間際になって病害虫が発生して全滅することや、猪や猿が畑を食い荒らしてしまうこともあります。こうした不確定要素が多い中で、収穫できる野菜を常時10種類前後に保つことは至難の業なのです。

また、それらを乗り越えて野菜セットをつくれたとしても、数ある競争相手の中から、自分の野菜セットを選んでもらわなければなりません。夜遅くまで開いているスーパーマーケットもあるでしょうし、野菜セットの内容が自由に選べる有機野菜の流通業者も存在しています。農家産直には農家産直のメリットがありますが、利便性ではスーパーマーケットや、大手流通業者の宅配にはかないません。ですから、こうした強豪に負けないオリジナリティを打ち出して、自分の野菜を選んでもらわなければなりません。

そしてまた、農作業や発送作業など、仕事は山のようにありますが、人手は自分と奥さんぐらいしかいません。まさに生産から販売まで、何から何まで自分たちで行わなければならず、朝から晩まで忙しく働いても追いつかないといった状態になります。野菜セットの販売は、こうしていくつものハードルを乗り越えなければいけないのです。

もちろん土日祭日といった決まった休日はなく、夏のお盆も野菜がぐんぐん育つ収穫時期なのでお休みはできません。すべてが天候次第、野菜次第の生活です。寒さのため農作業ができなくなる1〜2月が唯一の息抜きの期間のようですが、この時期はこの時期で、機械の手入れをしたり、作業場を修理したりと、農作業が忙しくてできない時期に溜まってしまった仕事が待っており、のんびりとはいかないようです。いかがでしょう。晴耕雨読の理想的な生活を送っているかに見える「自給自足的な農家」ですが、これが彼らの現実です。彼らは自分の理想を貫くために、農家という生き方を選びましたが、夢見がちな甘い考えで農家をやっているわけではなく、強い信念を持って、厳しい現実と戦った結果、自分の自由を手に入れているということが理解していただけるかと思います。

# 止まらない農家の減少・高齢化

1・7%。これは何の数字でしょうか?

これは、基幹的農業従事者という、農業の主な働き手における30歳未満の農家の割合です。これからの未来を担うであろう「若い農家」が全体のたった1・7%、中堅どころである30代も3・3%しかいないという事実を、日本の農業は抱えています(表2-1)。

ピンとこないと思いますので、日本の農業界を社員数100人の会社に置き換えて考えてみましょう。その会社の社員構成は、20代の新入社員が2人、30代の平社員が3人、40代の課長が8人、50代の部長が17人、60歳以上の相談役が70人でした。日本の農業がいかに高齢者に依存しているかということがわかるかと思います。あなたはこのような社員構成の会社に安心して勤めることができるでしょう

表2-1　基幹的農業従事者の年齢別割合

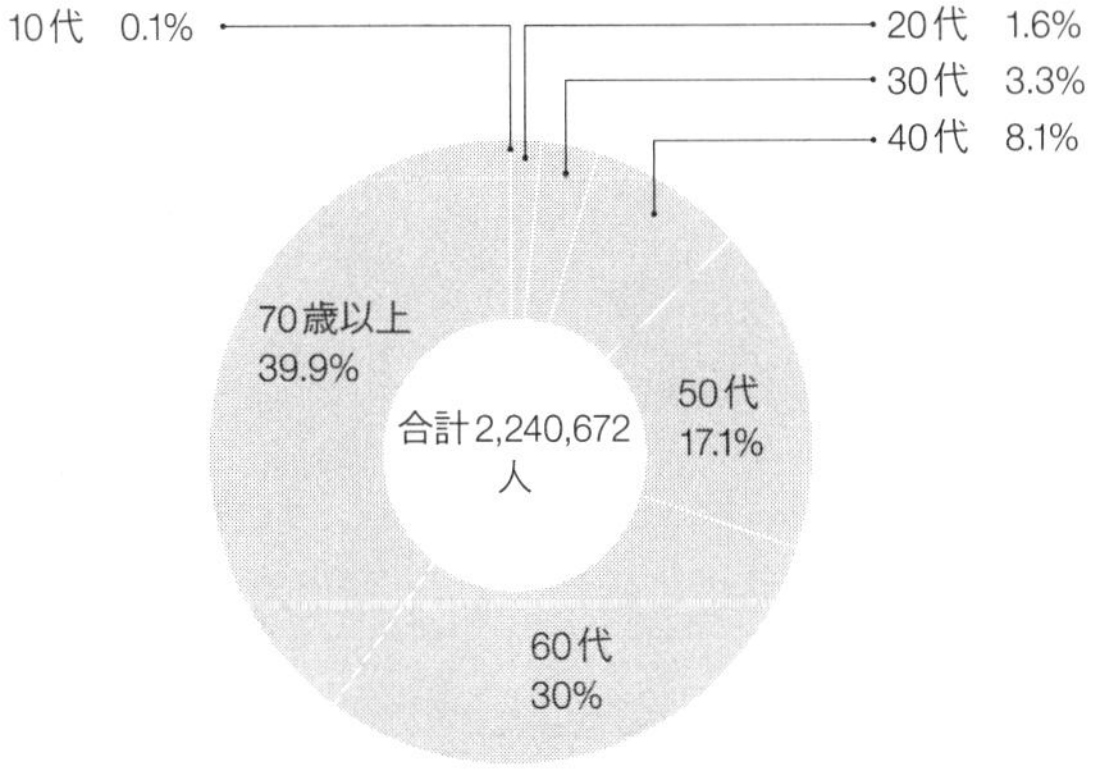


出典：農林水産省「2005年農林業センサス」より

か。私なら将来に不安を感じて転職活動を始めるでしょう。しかし現実に私たちは、このような状況を抱えた日本の農業に食料の供給を託しているのです。農業は基本的には肉体労働ですから、体力の衰えとともに農作業ができなくなります。80歳にもなれば主な戦力としてはあまり期待できません。80歳を現役引退と想定すると、あと20年ほどで69・9％の農家が現役を引退します。すると、20年後に現役で農作業をできる農家は、新規就農者を計算に入れなければ、30・1％、つまり約67万人しか残らない計算になります。

　このように、農家の年齢分布を見た

表2-2　総農家数

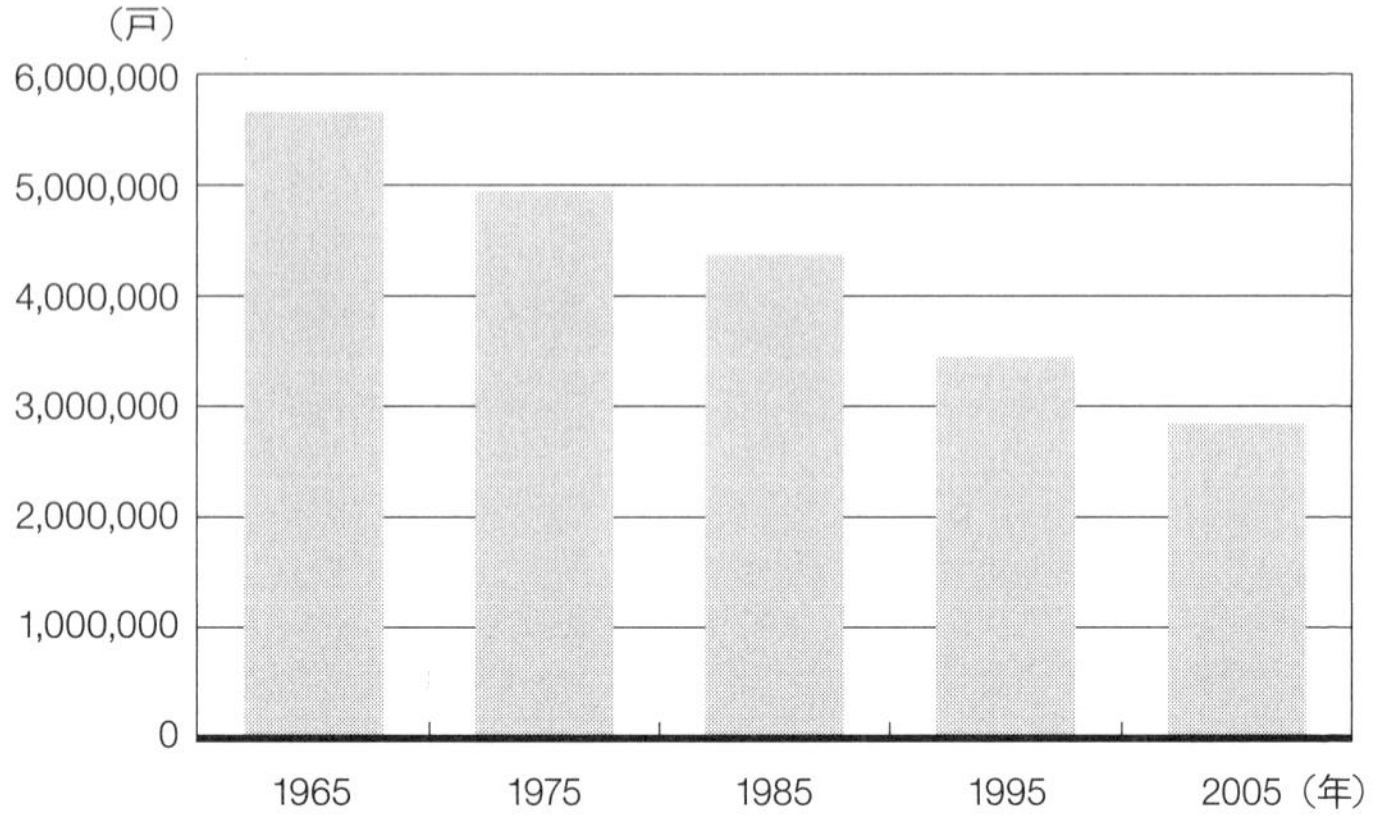


出典：農林水産省「農林業センサス累計統計書」2008年4月1日公表より

表2-3　新規就農者の年齢別内訳

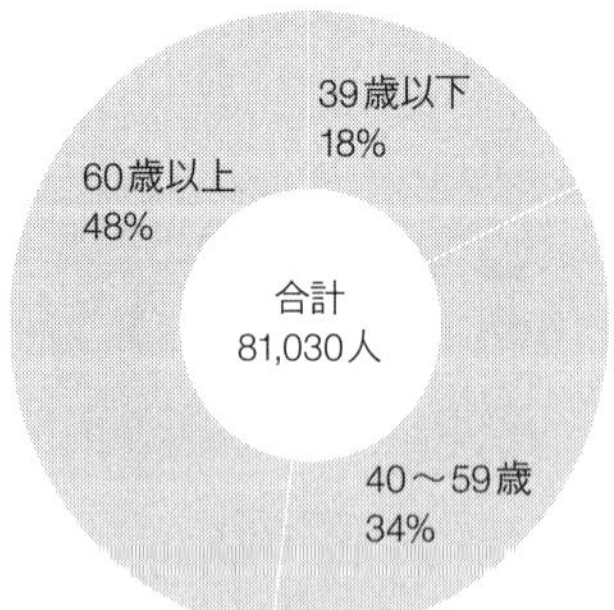


出典：農林水産省「新規就農者調査結果の概要」2007年12月20日公表より

だけで、農業の世界が危機的状況だということが理解できるかと思いますが、母数である農家数自体も急激に減っています。表2‐2を見ていただくとわかるように、1965年に566万戸あった農家が、2005年には284万戸と約半分になっています。40年間に282万戸の減少ということは、1年に約7万戸、1日に約200戸も農家が減少している計算になります。

実は私も以前はこうした数字を見ても、この状況が危機的なのか、そうでもないのかということが理解できませんでした。実際に農村に移り住んでみて、初めてこれらの数字が危機的なことを指しているのだと実感できたのです。村で出会う人は50歳以上の中高年の方ばかりで、友達になれるような若い人には両手で数えられるほどしか出会えませんでした。ある生産者グループの方に「うちの新人を紹介するよ」と言われて会ってみると、40歳を過ぎた方だったなんてことも。実際にその生産者グループは50代の方ばかりでしたので、40歳の人は新人だったのです。このような状況を目の当たりにして、「あと20～30年経ったときに、私のごはんは誰がつくってくれるのだろう?」という漠然とした危機感を覚えました。都会で暮らし、農村を訪れる機会のない方などは、おそらく以前の私のように、1・7%といった数字を見せられても、実感が湧かないことは仕方がないかもしれません。ただこれは、実感が湧く湧かないに関わらず、私たち一人ひとりの生活に関わってくることなのです。

## 日本の危機的な自給率

日本の自給率が低いということは皆さんもご存じだと思います。2006年の日本の自給率はカロリーベースで39%、生産額ベースで68%でした。

カロリーベースの自給率とは、国民1人が1日に消費しているカロリーのうち、何%が日本国内で生産されたかを計算したものです。具体的には、私たち日本国民は平均すると1人が1日に2548キロカロリーを消費している計算になりますが、そのうち、39%にあたる994キロカロリーの食料を国内で生産していて、残りの1554キロカロリー分の食料を輸入しているということです。

生産額ベースの自給率とは、国内で消費した食料のうち、何%を国内で生産してい

表3-1　主要先進国の食料自給率（カロリーベース、2003年）

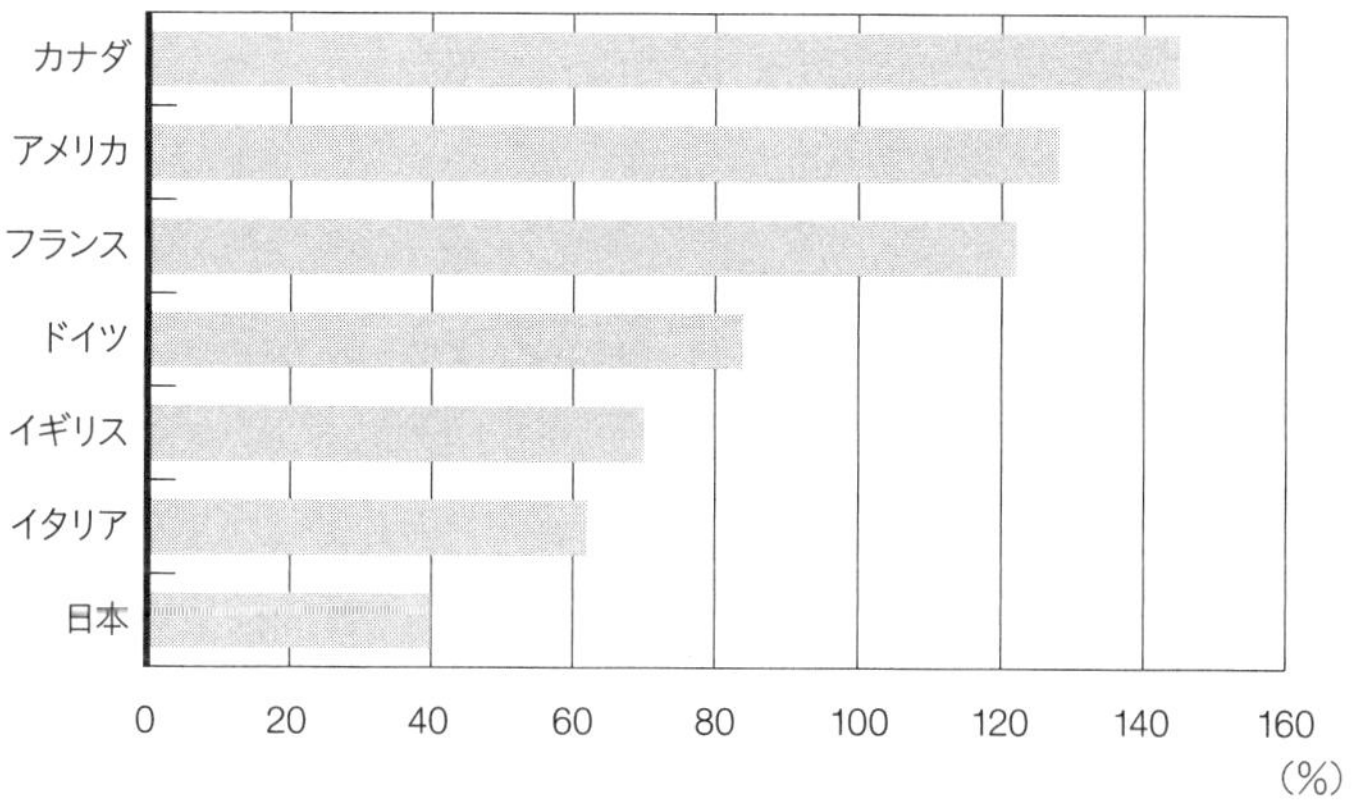


出典：農林水産省「食料自給率の部屋」より

るかを計算したものです。具体的には、日本全体では14・9兆円の食料を消費し、そのうち10・1兆円の食料を国内で生産しました。ですので、残りの4・8兆円の食料を海外から輸入したということです。こちらの計算法では自給率が68％と高めですが、国産食料と輸入食料の価格差や為替の変動もそのまま反映されているので、それらも考慮して判断する必要があります。

　自給率を、主要な先進国と比べたものが、表3－1ですが、非常に低い水準であることがわかると思います。

　しかし、日本も昔からこのような低い自給率だったわけではありません。表

表3-2　食料自給率の推移（カロリーベース）

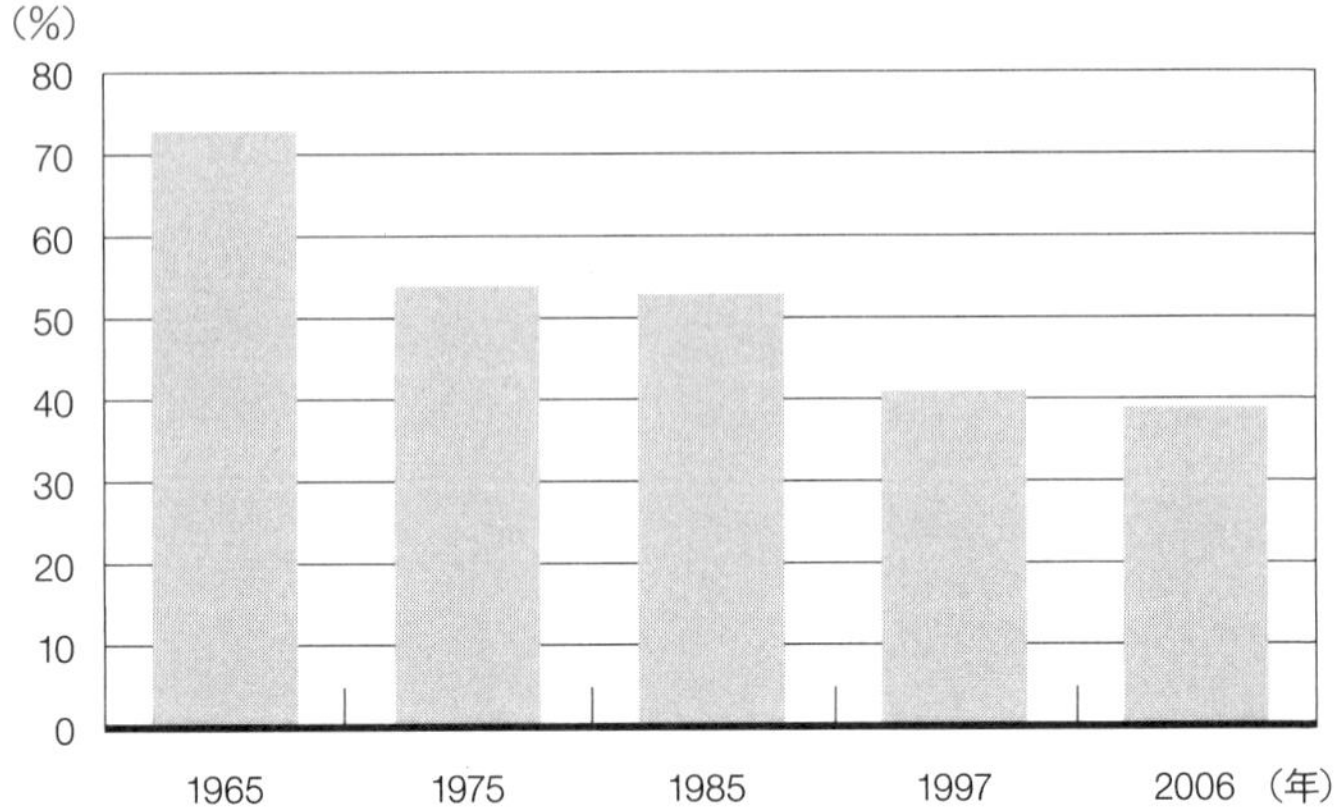


出典：農林水産省「食料需給表」2006年度版より

３－２は、１９６５年から２００６年までの自給率の推移を表したものですが、１９６５年の自給率は73％もありました。しかし、その後は数字が減り続け、現在の自給率まで下がっています。

　この原因としては、日本人の食事が欧米化し、自給可能であるお米を食べる量が減ったこと、お肉や乳製品、油の需要が増えたこと、それらを生育または製造するための飼料や原料の輸入も増えたこと、農地が減ったこと、農家が減ったこと、天候不順、また、食品加工や業務用の需要に国内生産が十分に対応しきれていない、などが考えられるといわれています。

# 科学が変える農業の現場

私たち人間は子供を生み、自分たちの遺伝子を後世に残す。植物は種をつくり、自らの遺伝子を後世に残す。これは連綿と続けられてきた、生物としての自然の営みです。しかし、現在はこの営みにも人間の手が介入し、植物の世界に影響を与えています。

例えば私たちにとっても身近な存在である大根は、地中海沿岸、中央アジア、華南高地などが原産地といわれており、日本へは中国から渡来しました。その後は日本各地で栽培されるようになり、何世代もの時間をかけて、それぞれの土地に適応しながら様々な種類の大根へと変化していったのです。東京の練馬大根、神奈川県の三浦大根、京都の聖護院大根、加賀の源助大根など、実に多様な大根が存在し、私たちを楽しませてくれています。

## 知らぬ間に広がる種の支配

しかし、近代では、野菜にも生産効率や販売、輸送のしやすさなどが求められるようになり、栽培の事情が大きく変わりました。そして、野菜の味や、特色の鍵をにぎる「種」の世界も大きく変わってきています。実は今、日本で栽培されている野菜の種には、「在来種・固定種」という種類と、「F1・ハイブリッド」という種類があります。

「在来種・固定種」とは、先ほどご紹介した多様な大根のように、長期にわたり特定の地方で栽培されることで、その風土に適応していったものや、農家たちが良い種を残しながら何世代にもわたり自然交配して育種してきたものなどをいいます。

「F1・ハイブリッド」と呼ばれる種は、人間が目的を持ち、科学の力を借りて品種を改良したものです。野菜を生産・販売する立場からすれば、様々な要望が生まれてきます。例えば、発芽のタイミングがそろった方が育てやすい、早く育った方が畑の効率が良いといった生産側からの要望。輸送のときに傷が付きにくい方が良い、日持ちする方が良いという流通側からの要求。見た目がきれいな方が良いという小売側の要求などです。F1・ハイブリッドでは、こうした様々な要求に応えられるような改良を行い、農家や流通の生産性を高めています。

しかし、残念なこともあります。その改良による特性は1世代しか持たないのです。1世代目の野菜から種をとり、2世代目の野菜を育てても1世代目のような生産性の高い種はできません。これは、中学校の理科の授業で聞いたことがあると思いますが、「メンデルの法則」によるものです。例えば、AとBをかけ合わせてつくったC（1世代目）はAとBのいいところばかりが反映されますが、CとCをかけ合わせてつくったD（2世代目）はAやBの劣った個性をも受け継いでしまいます。このため、生産性の高い種を手に入れるために、農家は毎年種を買わなければなりません。

そして、新しい存在として物議をかもしているのが、遺伝子組み換え（Genetically modified＝GM）作物です。大きな意味では、これも前に説明したふたつと同じ「品種改良のひとつ」ともいえますが、これまでの育種とはまったく異なる点があります。それは、植物の遺伝子を直接操作することです。そのため、植物同士ではなく、まったく異なる類の遺伝子を植物に組み換えることも可能です。例えばホタルの光る遺伝子を組み込んだ「光る植物」や、ヒラメの遺伝子を組み込んだ「低温に強い植物」などが研究開発されています。

現在、商用に栽培され日本にも入ってきている代表例としては、ある特定の除草剤の作用を受け付けなくなるタンパク質をつくる遺伝子を組み込んだ「除草剤耐性大豆」や、特定の昆虫を殺すタンパク質を微生物から取り出し植物に組み込んだ「害虫抵抗性トウモロコシ」などがあります。

これらは、法律に基づき輸入や加工がされていますが、このような遺伝子を直接操作するということは自然界では起こらないため、遺伝子組み換え作物を長期間食べ続けた際に人間の健康に影響がないのかどうかは未知の領域であり、安全性を懸念する声も多く上がっています。

それでは、日本の遺伝子組み換え食物の表示義務がどのようになっているのか見てみましょう。現在日本に輸入許可がある遺伝子組み換え作物は、大豆、トウモロコシ、菜種、綿実、じゃがいも、アルファルファ、てんさいですが、世界中で商業栽培が広く行われているのは、大豆、トウモロコシ、菜種、綿実ですので、日本に輸入される遺伝子組み換え作物もほとんどがこの4作物です。表示義務はこれらがそのまま販売されるときと、加工食品として販売されるときに発生します。しかし、表示義務のある加工品は32食品に限定されており、遺伝子組み換え作物を原料としていても、表示義務が発生しないものがあります。

それらには、醬油、大豆油、コーンフレーク、コーン油、菜種油、水あめ（水あめ使用食品としてのジャム類なども含む）、液糖（シロップなど）、砂糖（てんさいが原料のもの）などがあります。表示義務が発生しないのは、これらの加工後には遺伝子分析検査から組み換えられたＤＮＡやタンパク質の検出がむずかしいという理由からだそうです。

こうした加工食品においては、遺伝子組み換え作物を原料として使っているのか、いないのかが表示を見るだけではわからないため、消費者が賢くならなくてはなりません。それにはいくつかの方法があります。幸いなことに、現在日本では遺伝子組み換え作物の商用栽培は行われていないので、国産の原料を１００％使ったものを選べば遺伝子組み換え作物を避けられます。また有機ＪＡＳの規定には遺伝子組み換え作物を原材料として使ってはいけないという規定があるので、有機ＪＡＳの認証を得ているものを選ぶことでも避けられます。

遺伝子組み換え作物にはもうひとつ大きな問題があります。それは「交雑」です。

植物には風にのせたり、虫を介することによって花粉を飛ばす性質があります。これにより、野外で遺伝子組み換え作物を栽培した場合、近隣で育てている非遺伝子組み換えの作物にも遺伝子組み換え作物の花粉が舞い、意図せず受粉し交雑してしまう恐れが常につきまといます。現実に遺伝子組み換え作物の栽培が盛んなカナダでは、この交雑が起きてしまいました。しかも、自分の畑の非遺伝子組み換えの菜種が遺伝子組み換えの菜種に汚染されてしまった被害者側の農家が、遺伝子組み換え作物を販売している会社に、「わが社の特許を侵害した」として損害賠償を請求されてしまったのです。日本も、遺伝子組み換え作物の栽培が一度許可されれば、このような事件が起こらないとは限りません。現在カナダでは、わざわざ遺伝子組み換えでない菜種を栽培しようとする農家はほとんどいないと言われるまで、遺伝子交雑汚染は広がり、深刻な農業問題となっているのです。

二章では、農家や農業全般が直面している様々な問題についてお話ししました。決していいことばかりが待ち受けているわけではないということがおわかりいただけたかと思います。しかし、こうした状況のなか、農業の世界に希望を見出し、農業を始める人が増えています。彼らはなぜ農家になることを選択したのか、そしてどのような暮らしをしているのか、次の章でお話ししましょう。

# 第三章

# 新世代の農家たち

充足感のある自給自足的な生き方を求めたいという希望と、それを打ち砕くかのような厳しい日本の農業の現実。このふたつの狭間で揺れ動きつつも、何かに突き動かされるように農家の道を選んだ人たちがいます。彼らも私たちと同じように、学生や会社員をしながら、今の社会に何かしらの疑問を抱き、自分の生き方を大きく変えた人たちです。

彼らのような農家に対し、「夢ばかり見ている」というような見方をされる方がいるかもしれません。しかし、彼らの言動からはそうした甘えは感じられません。むしろ、自分たちの選んだ道が厳しいことは重々知りつつも、あえて自分に正直に生きる道を選んだという誇りがあるからこそ、厳しい現実に立ち向かっているように見えます。

そうした彼らの生き方は、農家という枠組みだけで語ることはできず、私たちに既存の価値観にとらわれない新しい生き方があるのだと指し示してくれているように見えるのです。この章では、そんな彼らの生き方を紹介します。

はぐくみ自然農園

# 命をはぐくむように育て、子供をお嫁に出すように届ける

## 農家なんてかっこ悪いと思っていた

温暖な気候に恵まれた静岡県の南伊豆で、家族3人で自給自足的な農業を営んでいるのは「はぐくみ自然農園」の横田淳平さん31歳。2004年に就農し、今年で5年目を迎えた農家です。昨年2歳になったばかりの娘の和《なごみ》ちゃんと奥様の裕美さんと、つつましやかながらも豊かな生活を楽しんでいます。横田さんが就農の地に選んだ南伊豆は、大きく広がる青い海と、緑が生い茂る山々に囲まれた自然豊かな場所で、夏の観光シーズンを除けば都会からの人の出入りも少なく、地元の人たちがのんびり暮

らす静かな村です。

あまりにも良い場所なので、以前からこの地に就農することを決めていたのかと聞いてみると、あっさり「全然そんなことないですよ、知らなかったし」との返事。それればかりか、大学を卒業するまでは、農家になる気すらなかったというのです。

そんな横田さんが、なぜこの地で「はぐくみ自然農園」をスタートさせることになったのか尋ねてみました。

「僕の父は会社員だったから、農家出身というわけではないんです。僕は高校卒業後、東京農業大学に進んだんですけど、農家になるつもりはまったくありませんでした。むしろ、その頃は、農家なんてかっこ悪いと思っていましたね。

高校の頃から、発展途上国の人口増加や食料不足、貧困などに対する問題意識があって、将来は青年海外協力隊やODAやNGOなどで働きたいと思っていたんです。だから、農大に入ったのは農業の勉強をするためじゃなくて、将来そうした仕事に就くために、国際開発学科を専攻して、発展途上国での農業開発や、国際食料貿易などの勉強をするためでした」

それではなぜ、そこまで目標を明確にしていた青年が、農家になって自給自足的な生活を営むようになったのでしょう。

「大学3年のとき、卒業後の進路の下見のために、ODAで働く先輩を頼って2ヵ月間ほどアフリカに行ったことがあったんです。僕が想像していたアフリカの人たちは、〝貧しく、救ってあげなければならない人たち〟で、僕たち先進国の人が助けてあげなければいけないと思っていました。

しかし、実際に一緒に生活して、彼らに接してみると、その考えが変わりました。確かに彼らは物質的にとても貧しい生活を送っています。しかし、人と人とのつながりであったり、自然に感謝する気持ちであったり、人間としてとても豊かに生きているんです。あるとき、現地の子供たちと一緒にサッカーをしたんです。もちろんサッカーボールなんて高価なものは買えないので、布を丸めただけの質素なものです。しかし、楽しそうに遊ぶ子供たちの目が信じられないほどキラキラと輝いていて、本当にきれいだったんです。その目の輝きが、心に焼きついてしまって……。先進国の僕たちは、こんな目をキラキラと輝かして生きているのだろうかと疑問が湧いてきました。そして〝先進国の豊かな人間が、貧しい彼らを救ってあげる〟ということ自体が、僕らの〝おごり〟なんじゃないかと、思えてしまったんです。日本に帰ってきて山手線に乗りながら周りを見渡して考えたんですよ。僕たちは物質的に豊かな生活かもしれないけれど、何かが違うって。変わらなきゃいけないのは、僕たちの方じゃないかって。そんな気持ちになりました」

## アフリカでの生活がもたらした価値観の変化

それ以降、横田さんの目に映るものが変わっていきました。新しい視点で世界を見回した横田さんの目には、豊かだと思っていた日本の風景からグローバル経済のひずみが見えたそうです。

「僕たちの一見豊かそうに見える物質主義的な生活は、本当の意味で僕たちを豊かにしているとは決して思えないし、先進国の人間が、賃金の安い国の人たちにものをつくらせて売るという、世界規模の大きな搾取《さくしゅ》システムの上に成り立っているんだということに気付きました。それを知って、変わらなくちゃいけないのは、発展途上国の人たちじゃなくて、僕たちの方だろうって思うようになったんです。とはいえ、自分の生活はどうなんだって見直してみると、自分だってそうした搾取システムに加担しているひとりなんですよね。だから、〝自分の生活から変えていこう〟って決心したんです。今のこの物質主義的な仕組みは、世の中の規模が巨大に、複雑になっていったからこそ、必要になっていったと思うのです。だから、僕はシンプルに生きようと思いました。その最初の一歩が、〝自分の食べ物は自分でつくろう〟ということだったんです」

農家になろうと思ったのではなく、矛盾のない生き方を模索し、自分の生活をシンプルにしようと思った結果、農的な生き方に行き着いたと横田さんは言います。実は、こうした大きな視野で物事を考える農家というのは、非常に多いのです。彼らは、自分の地位や年収、自分の家族の幸せのことだけではなくて、地球環境のことだったり、みんなの食の安全だったり、日本の自給率のことだったり、大きな視野で考えた結果、農家という生き方を結果として選んだのだと言います。

そうして、農家への道を選んだ横田さんは、大学の農業研修制度を活用して研修をスタートさせました。

「それまでかっこ悪いと思っていた農業が、実際にやってみると、すごく楽しかったんです。アイガモ農法の農家で米づくりの手伝いをさせてもらったんですが、毎回訪れるたびに、稲穂が成長していて、それがなんともいとおしくて、すっかり農業にハマッてしまいました」

かっこ悪いという先入観が払拭《ふっしょく》され、すっかり農業に魅せられてしまった横田さんは、大学を卒業した後、パーマカルチャーという〝農を中心とした持続可能な環境をつくり出すためのデザイン体系〟を学ぶために、ニュージーランドへと渡ります。そして、WWOOF（ウーフ）という研修制度を利用し、パーマカルチャーを実践している農場を中心に1年間で10箇所近くを回り、農業や持続可能な環境づくりを勉強しました。

「そのニュージーランドでの体験は、日本の〝農業〟という枠にとらわれない、新しい〝自給自足的な生き方〟との出会いでした。野菜だけではなく、果樹も植え、家もつくり、家畜も飼う。農を中心として、生活全般が循環するようにデザインするのです。藁《わら》でつくる家、草や花の植えられた屋根、自然の構造をとりいれた農場設計など、どれもが美しく、機能していました」

こうした農園を成功事例として頭にインプットできたことで、自分のやりたい農業の形が明確になったと言います。新しく就農する農家さんには、ニュージーランドやオーストラリアなど、循環型農業が盛んな国で〝農的な生き方〟を体験してきた人が多いのです。彼らの頭に描かれている未来の青写真には、3K（キツイ・キタナイ・キケン）と呼ばれる苦しい農業ではなく、様々な国で学んできた、明るく、豊かで、創造性のあふれる農業があります。「自給自足的な農家」が従来の日本の農業とは異なるセンスを持ち合わせているのは、このように若い人たちが諸外国の新しいセンスを持ち帰ってきていることも大きな要因なのです。

## 縁のない土地で信用を得るところから出発

ニュージーランドから帰国した横田さんは、日本の風土に合った有機農業のスキルを取得するために、埼玉県の小川町で有機農業の研修を1年、そしていつかは自分の家をつくりたいという夢も実現させるために、古民家の再生を行う大工の元での研修を2年と、合計3年の研修を行いました。そして、小川町での研修中に出会った裕美さんと、就農前に結婚しました。

「暖かい土地で農業をやりたいと思っていたので、広島や三重など、西日本を中心にいろんな農村を見て回りました。なかなか思ったような場所が見つからなくて困っていたところに、裕美のおじいさんが老後に住んでいた南伊豆を見に行こうかということになって、ほんの軽い気持ちで見学に行ったんです。そうしたら、一目見て、2人とも『いいんじゃない』という感じで気に入ってしまって。あっさりと、就農地を決めてしまったんです」

就農先を伊豆に決めた横田さんですが、家を借りるまでは苦労したと言います。

「このあたりは高齢化が進んでいるからか、遊休農地が多くて、農地を借りるには苦労をしなかったんですが、家を借りることが大変でした。空き家のような家はあるんですが、年末年始やお盆のときに親戚が集まったりするらしく、なかなか貸してもらえる家を見つけることができなかったですね」

家をなかなか借りられない理由には、農村ならではの事情もあるようです。農村では町内の付き合いが多いので、家を借りるということは、地域の付き合いに参加することでもあります。ですので、単に家に住むだけではなく、付き合いもきちんとやってくれる人でないと、地域の方みんなが困ってしまうので、信用がないとなかなか借りられないのです。そのため、新規就農して家や土地を借りる場合は、研修先農家の農場長や、県の職員などの口利きで、その人の信頼を担保に土地や家を探すことが多いのです。

しかし、横田さんたちは南伊豆にそういった縁がありませんでした。そのため〝地元の人に顔を知ってもらう、信用してもらう〟というところからスタートしたと言います。

「知り合いがいなかったから、何度も何度も、南伊豆に行って、いろんな人に話をさせてもらいました。町役場にもよく通いました。そうしているうちに、隣町で有機農業をしている人がいるって教えてもらって、相談しに行ったんですよ。そしたら、その人が、この辺りの町会議員さんを紹介してくれて、その方の口利きでこの家が借りられたんです」

そうして、ようやく横田さんの農家生活がスタートするわけですが、もちろん、最初から順調に自給自足というわけにはいきませんでした。

「最初の半年ぐらいは、畑を整備するのに時間がかかってしまったから、種まきの時期を逃してしまったの。だから、じゃがいもときゅうりぐらいしかつくれなくてね。1年目の夏は毎日、そればっかり食べてたのよ」と、裕美さんは笑います。

## 野菜は単なる商品ではない

現在、はぐくみ自然農園がどのような栽培をしているかというと、田んぼでも、畑でも、農薬や化学肥料を一切使っていません。お米は、アイガモを田んぼに放ち、雑草を食べてもらう「アイガモ農法」で育てています。アイガモは、雑草だけでなく、害虫を食べてくれたり、泳ぐ際に田んぼをかき混ぜ水田内に酸素を補給してくれたりと、非常に良く働いてくれる頼もしいパートナーなのです。

野菜をできるだけ自然に近い環境で育てるために、肥料を入れることも、耕すことも極力控えるようにしています。苗を育てるとき以外はビニールハウスは使わず、野外で育てる露地栽培のみ。有機農業でも、ビニールマルチといって、表土をビニールで覆《おお》って除草対策や保温・保湿することが多いのですが、はぐくみ自然農園では、できるだけ環境に配慮できるように、石油資材の使用を極力控えているため、ビニールの代わりに藁を敷くなどしています。

南伊豆は温暖な気候のため、一年中野菜を栽培することができてとても良い場所なのですが、困ったことがあります。それは、台風です。伊豆半島は台風が上陸することがとても多く、台風の発生する季節は、なすやトマトといった果菜類の育つ時期と重なるので、直撃すると実が落ちてしまったり、風で傷が付いてしまったりします。また、稲の収穫時期とも重なり、稲穂が倒れてしまい、収穫が困難になることもしばしばあります。

こうした状況に伊豆での栽培が辛くなることはないのかと聞いてみると、「確かに台風は困るけれど、この土地が気に入っているし、まあいいかなと思っています」といたってマイペース。

「うちは、お米も野菜も直接販売がほとんどなんですよ。直接お客さんのところに野菜を送っているから、お金のやりとりだけをしている感じでもなくて、知り合いに僕たちの畑で採れた自然の恵みをお分けしている、そんな感覚なんです。お客さんの中には、家族で田植えや稲刈りに参加してくれる人もいるんだけれど、実際に会って一緒にご飯を食べたり、お互いの子供が仲良くなったりすると、お客さんとのやりとりっていう感じだけじゃなくなりますよね。親戚みたいな感じ。お客さんもそう思ってくれているのか、台風が来たりすると、自分の畑のことみたいにすごく心配してくれたりして、嬉しいですよね」

横田さんに限らず、直販をする農家たちはみな口をそろえてこう言うのです。

「野菜は商品じゃない」

農家として、お米や野菜を販売して生計を成り立たせているのだから、野菜はお金と交換する商品で、そこでは商売が行われています。しかし、彼らは野菜を「単なる商品」とは思っていないのです。いわば、子供のような存在で、出荷するときは、子供をお嫁に出すような気持ちで、お客さんに喜んでもらってね、と送り出すのだそうです。

こうした思いは、目には見えないけれど野菜と一緒に箱に入って届くようなのです。以前、こんなことを言ってくれたお客さんがいました。「『やさい暮らし』で買った野菜は、おじいちゃんやおばあちゃんが野菜を送ってくれたような温かみがあって、毎回とても楽しみなんです」。

巨大なグローバル経済に対する疑問から、農家の道を選んだ横田さん。小さな農村で自給的生活を営むその姿は一見、経済という概念を捨てて生きているようにも見えるかもしれません。

しかし、よく見ると、小さく、ゆっくりとではあるけれど、自らが愛情を込めてつ

温暖な南伊豆で自給自足的な生活を送る横田淳平さん（左）、裕美さん（右）と娘の和（なごみ）ちゃん。

くった野菜とお米で、お客さんと思いやりでつながる温かい関係を日々紡《つむ》いでいるのです。彼は経済を捨てたのではなく、〝誰も搾取しない、誰も搾取されない、新しい経済〟を創り出しているように見えるのです。

シャンティふぁ～む

## サーフィンとヨガを経て辿り着いたシンプルライフ

### 広い世界を見るために、世界一周旅行へ

千葉県の南房総市で、自給自足的な農業を営んでいるのは「シャンティふぁ～む」を営む川田健太郎さん、35歳。2005年に就農し、今年で4年目の農家です。築70

年の古民家で、ヤギ1匹、愛犬のパグ1匹と、ベジタリアンを実践しながら、心穏やかな暮らしを楽しんでいます。

健太郎さんは、「就農するなら南房総」と最初から決めていました。なぜなら、健太郎さんの趣味はサーフィン。温暖な気候で、海まで車でほんの数十分という立地は、健太郎さんにとっては最高の就農地だったのです。健太郎さんは多趣味でヨガや瞑想も行います。家の物干し竿にはインド風の柄のTシャツや、パンツが干されているので、一見すると農家の家には見えません。

昔から、こだわりの強い、多趣味な人だったのかと思い話を聞いてみると、意外な答えが返ってきました。

「僕は横浜生まれの横浜育ち。父は会社員で、育った環境は農業どころか、アウトドアだって縁がありませんでした。仕事はCADという設計ソフトの営業をしていました。平日は会社で普通に働いて、土日は買い物をしたり、友達とご飯を食べに行ったりするぐらい。趣味という趣味は持っていなかったな」

高校の頃から、人生に対して「何か面白くない」という漠然とした不満はあったものの、人生なんてそんなものだろうと思い、会社員として働いていた時も、「このまま会社で働いて、結婚をして、ごくごく普通に生きていけばいいかな」と考えていたそうです。しかし、当時健太郎さんが勤務していた営業の仕事は、営業成績との闘いで、少しでも人より良い成績を収めようと、日々何かに追われるような焦燥感を感じる生活に、はたしてこのままこの生活を続けていて自分は幸せになれるのかと立ち止まって考えたことがあったそうです。この立ち止まりが、健太郎さんの大きな転機となりました。

「冷静に振り返ってみたら、なんだか、自分がすごく小さい世界に生きているように思えてしまったんです。新卒で入った会社で仕事して、同僚と飲みに行ったり、買い物に行ったりして、いつか結婚して家庭を持って、とくに趣味もなく。その会社は、社員が500人くらいだったんですけど、当時は、その500人の世界が僕の全世界のようなものだった。たった500人ですよ。それが全世界だなんてね」

そう思った健太郎さんは、「もっと広い世界を見てみよう」と決意します。それまでに貯めたお金を元手に、世界一周旅行を計画。ワーキングホリデーでオーストラリアに1年間滞在し、その後アジア経由でヨーロッパ、アメリカと世界を一周するという壮大なものでした。しかも、この世界一周旅行が初めての海外旅行だったというから、その無鉄砲さと行動力には度肝を抜かれます。しかし、意を決して飛び出したこの世界一周旅行で、健太郎さんにはふたつの大きな出会いが与えられます。そして、そのふたつの出会いが、その後の健太郎さんの人生を大きく変えることとなったのです。

## 「心」を最優先に生きる

　第一は、「自然」との出会い。最初に訪れたオーストラリアでは、サーフィンと出会いました。それは、それまでまったく自然に縁がなかった健太郎さんが、生まれて初めて自然と真正面から向き合う体験だったと言います。

「ハマりましたよ。あんなに自分の自由にならないスポーツは初めてだったんです。野球だって、サッカーだって、ある程度は自分でコントロールできるでしょう。でも、サーフィンは自然の力のほうが大きくって、全然コントロールできない。これが、自然のことをまったく知らなかった僕には驚きでした。そして、それがすごく気持ち良かったんですよね」

　サーフィンの魅力にすっかりとり憑《つ》かれてしまった健太郎さんは、オーストラリアに滞在していた1年間、サーフィン三昧の毎日を送ることで、自然の偉大さと、心地良さをしっかりと胸に刻みつけたと言います。

そして、もうひとつがインドでの瞑想とヨガとの出会いです。オーストラリアを後にした健太郎さんが向かったのはバリ。そして、マレーシア、タイ、ミャンマー、ラオス、カンボジア、ベトナム、中国、チベット、ネパール、インド、パキスタンを回りました。順調に世界一周の旅を進めていた健太郎さんですが、インドを出てパキスタンに入ったとき、インドに対する郷愁が募り、インドに引き返します。健太郎さんはこのときのことを、「この先の世界一周旅行を続けることよりも、インドに長期滞在してインドをより深く探求することのほうが、自分にとって意味のあることだという気がしたんです」と言います。

インドでは、「ヴィパッサナー瞑想」という、旅行者の中で話題になっていた瞑想法の修行を試してみることにしました。

この修行は、10日間のコースになっており、その間、参加者は外部との接触を一切絶ち、読み書きも、話すことも、人と目を合わせることさえも禁じられます。そして、毎日10時間にも及ぶ瞑想をただひたすら行います。健太郎さんは、この体験で、「心」の重要性に気付いたのだそうです。

「それまでは〝脳が心を支配している〟と思っていたんです。しかし、ヴィパッサナー瞑想を通じて、本当はすべてが心に支配されていたんだということに気付いたんです。僕の行動も、考えもすべて、僕の〝心〟によって支配されている。そう気付いて、何よりも大切にしなければならないのは〝心〟だって思ったんです」

この気付きから、これまでは目に見えるものが一番大切で、二の次、三の次だと思っていた「心」こそを、最も重要なこととして生きていこうと決意したのだそうです。

## 思い通りにならない自然を受け止める

こうして、合計5年間にも及ぶ自分探しの旅は、健太郎さんに「自然に敬意を払うこと」「心を大切にすること」という、ふたつの重要な気付きをもたらしました。そして、このふたつの気付きは、その後の健太郎さんの核となります。

帰国した健太郎さんは、日本という現実を生きていく道を探りました。

「心を大切にするために、自然の中でシンプルに生きていきたいと思っていたので、漁師か農家という第一次産業にターゲットを絞りました。海が好きだったので、漁師になることも考えたんですが、漁師や海のことを調べるうちに、大変な海の汚染の実態を知りました。それでいて、海の汚染は漁師ひとりの力ではどうにもなりません。そこで、もうひとつの選択肢だった農業についても調べてみました。農業にも環境汚染は広がっていますが、農業は自分のできる範囲内であれば、環境破壊を改善することも可能です。それで、農業をやっていくことに決めました」

その後は、栃木県で有機農業の研修を始めました。研修は厳しいものでしたが、決して辛いとは思わなかったそうです。なぜなら、「その先に自分のやりたい農業が見えていたから」と言います。そして、1年半の研修を経て、念願の南房総市に就農しました。畑と田んぼは研修先の師匠が南房総市の有機農家を紹介してくれ、その人の口利きで借りることができました。家を見つけることは大変だったのですが、最終的には地元の人が紹介してくれたそうです。

農作業は、研修先で農場長まで務めた経験があったので、さほど苦労はしなかったようですが、アクシデントに見舞われることは少なくありませんでした。以前、私が取材に行った日には、さつまいも畑が収穫を目の前に猪に荒らされて、全滅になった様子を見せてもらいましたし、昨年は台風で、収穫前のトマトが全滅してしまいました。しかし、健太郎さんはそれほど打撃を受けている様子はありません。

経済的にも支障が出るでしょうし、大変ではないのかと聞くと、こんな答えが返ってきました。

「そうなったらそうなったで、受け止めるしかないんですよね。農業を始めて、そうしたことを受け止めることができるようになりました」

猪に畑を荒らされることも、台風でトマトがダメになってしまうことも、それもすべて含めて「自然」なんだと受け止めてしまえば、たいしたことではないと言います。それも〝心〟の持ちようなのかもしれません。農業はこのように自分の力ではどうにもならないことばかりです。農業に一番大きな影響を与える天候は、人間の思いどおりにはなりません。暑い日が続くと思っていたら急に寒くなったり、雨が降らないと思っていたら急に台風が来たりします。そうかと思えば、虫の仕業で青菜が全滅になってしまうこともある。先ほどの話のように猪に畑を荒らされることもあります。こんなことが日常茶飯事だから、農家は自然のいたずらに対しては寛容です。さっぱりとあきらめて、次の作業を始めます。「潔さ」、それは、自給自足的な農家にとって、一番大切な資質なのかもしれません。

今は、就農してからまだ3年目とあって、趣味のサーフィンやヨガを楽しむ余裕は

自然と向き合い、心穏やかな暮らしを楽しむ、シャンティふぁ〜むの川田健太郎さん。

ないのが現状ですが、農業を中心とした今の生活は充実していると言います。健太郎さんは自分の生きる道を農の中に見出し、スタートを切ったばかり。今後どのように進むかは、まだ模索中だと言いますが、その顔にかげりはなく、輝いていました。健太郎さんを見ていると、〝人は、強く、変われるものだ〟そんな希望が湧いてきます。

もくもく耕舎

# 畑仕事が何より好きな夫婦が育む思いやり農業

## 職人的生き方に憧れて転職を決意

冬になれば真っ白い雪に閉ざされるという、長野県の上水内郡に就農したのは、もくもく耕舎の金子浩之さんと、妻の真由子さん。もくもく耕舎を初めて訪れた夜、おしゃべりが得意ではないという2人とコタツに入りながら、なぜ農家になったのかという話をしたことを覚えています。飾り気のない言葉で、とつとつと不器用に話す2人はとても穏やかで、誠実な人柄が滲《にじ》み出ていました。

「自給自足的な農家」には、他業種から農業の世界に足を踏み入れる人が多いのですが、もくもく耕舎は珍しく、2人とも農家の家庭に育ちました。

浩之さんの実家は、栃木県の日光で兼業農家を営んでおり、近々お兄さんが後を継ぐ予定なのだそうです。三男として育った浩之さんは、実家の農業を継ぐ必要がなかったため、大学卒業後は東京の通信会社に就職しました。大手企業の情報インフラを整える業務を行なっていたその会社は安定しており、仕事に対する不満は特になかったと言います。

しかし、心の奥底では幼い頃から夢見ていた憧れの生き方とのギャップに違和感を抱いていたそうです。というのは、浩之さんは実は幼い頃から〝職人〟という生き方に対して強い憧れを抱いていたからです。

「何の職人かというところまでは決めていなかったんですが、〝職人〟という生き方に憧れていました。実家が兼業農家で、農業の他に大工の仕事をしているんですが、どちらとも、職人仕事でしょう。そうした仕事に向かっている父の姿を見ていたので、知らず知らずのうちに〝職人〟という生き方に憧れるようになったのだと思います」

しかし、現実に選択した職業は会社員。幼い頃から夢見ていた職業とは違う選択をしたことに、このままでいいのかという自問自答を繰り返したと言います。

「僕は大学もすんなり入ったし、就職もすんなり決まったし、今までこれといった苦労なしに、運よく生きてきたんですよね。そうした生き方に対する不満というものはないのですが、もっと自分に対して挑戦するような生き方がしたかったというか、チャレンジしてみたいっていう気分になったんです」

## 県のバックアップ制度で晴れて農家に

そして、浩之さんは、とうとう農家という〝職人〟になることを決意し、会社に辞表を提出しました。これまで、大学入学、就職ともに、流れに乗って生きてきた浩之さんにとって、生まれて初めて自分自身の意志で、大きく舵を切った瞬間でした。

しかし、実はこのとき浩之さんは、辞表を出した後どうやって農家になればいいのかまったくわからなかったのだそうです。

「とにかく、そのときは、農家になるんだという勢いだけでした」と振り返ります。

とはいえ、運の良さは生まれ付いてのものだったようで、その後、農家になる際もその才能を発揮します。生まれ育った日光の気候が肌に合っていたので、就農する際は日光のような寒い地域で農業をやりたいと決めていた浩之さんは、まず、栃木、長野、新潟などの就農候補地の就農相談センターに電話し、就農するにはどうすればいいか聞いて回りました。そうすると、新規就農者の受け入れにとても積極的な県がありました。話によると、その県では、就農を希望する人に対し、様々な支援プロジェクトが組まれているというのです。電話口で「とにかく一回来て、話をしましょうよ」と呼びかけてくれる職員の方に応えるように、その地に向かったのだそうです。その地とは、現在就農している長野県でした。

長野県には「新規就農プロジェクト（現在の里親前基礎研修）」という1年間の就農支援プログラムがあり、これに参加をすると、無料で農業大学校での授業や実習を受けさせてくれたり、農家研修に参加させてもらえたりするのです。しかも、寮まで無料で利用させてくれるとのことでした。その農業大学校のプロジェクト研修では、農業の基礎知識などは座学で学び、実技はこのプロジェクトに提携している農家の中から、好きな農家を選び、研修を受けられるシステムになっていました。

長野県の気候や、作物、風景なども気に入った浩之さんは、早速この新規就農プロジェクトを活用することにし、長野県に移住しました。そして1年間、レタス農家、苗農家など、約10軒ほどの農家で研修を経験。会社を辞めた当時は、どのような農家になりたいのかイメージがつかなかった浩之さんですが、こうして様々な農家で研修を体験することで、自分のなりたい農家のイメージが固まったと言います。それは、人や環境に配慮しながら安心して食べられる野菜をつくる、有機農業でした。

しかし、これまでの研修では、広く浅くしか知識を身につけていなかったため、有機農家として就農するには経験が足りません。そこで、浩之さんはできれば、ひとつの有機農家でじっくり経験を積んでノウハウを身につけたいと思いました。驚いたことに、長野県には、こうした希望に応えることのできる、〝里親制度〟というものまでもが用意されていたのです。

これは、農家が里親となって、就農希望者を育てるシステムで、里親は、就農希望者に農業の研修を受けさせ、農業のノウハウを教え込みます。そして、最後には就農地や家を探して、一人前の農家として巣立たせるというものなのです。

浩之さんはこの制度を活用して、長野県で有機農業を営む「まごころふれあい農園」に里親になってもらいました。そして、1年半の研修を終えた後、農場長の口利きで、長野県内に新規就農する畑と家を借りることができました。まさに、里親に育ててもらったのです。

## 手づくりのコミュニケーションで広がるお客さん

現在、よきパートナーとなっているのが、奥様の真由子さん。お二人は、研修先の「まごころふれあい農園」で知り合いました。真由子さんの実家も農家で、現在は弟さんが後を継いでいます。自分が農業の道を選ぶとは思っていませんでしたが、様々な仕事を経験しながら自分に合った生き方を模索するなかで、職人という生き方に憧れるようになり、一番身近な存在であった「農業」を志すようになったのだと言います。そして、ウーフという農業体験制度を利用して「まごころふれあい農園」で研修に入ったところ、浩之さんに出会ったそうです。

息がピッタリの2人ですが、お互いに農業を心から愛しているからこそ、農法についてはぶつかり合うこともあります。肥料を与えない自然栽培に憧れる真由子さんと、牛糞や鶏糞《けいふん》などを使った有機肥料を入れて土づくりした畑で、有機農業を実践したい浩之さん。

どちらが正しい農法というわけではないので、簡単に答えは出せません。今はお互いの意見を尊重し合いながら、もくもく耕舎としての独自の農法を模索している最中なのだそうです。

販売方法についても、模索の最中です。もくもく耕舎は、個人宅配を始める前は、スーパーの産直コーナーに野菜を出荷することがメインでした。

「スーパーは、お店の人もすごくいい人で、たくさん買ってくれたので取引先としてはとても良かったんです。でもその分、すごく忙しくて、早朝から夕方まで畑で仕事をして、夕飯を食べた後に、次の日の出荷の袋詰めを夜遅くまでやって、という毎日で、本当に体が持たないくらい疲れてしまったんです。量を減らせばいいんですけど、頑張りすぎちゃったんですね。体が持たないし、辛いなあと思っていたので、元々やりたかった、個人宅配のほうに少しずつシフトしていこうかなと思って、２００７年から始めたばかりなのです」

個人宅配はお客さんと繋がる喜びが深い分、お手紙を添えたり、野菜を　つひとつ新聞紙にくるんだりと、細かい仕事が多く、スーパーへの出荷と比べると手間がかかるので、最初は不安もあったそうですが、パソコンで〝もくもく通信〟という新聞をつくり、一人ひとりに手書きでメッセージを添えたり、セットに飽きないよう、珍しい野菜を入れたり、手づくりのお正月飾りを入れてみたりとしているうちに、どんどん楽しくなっていったそうです。そうしたコミュニケーションの中で、もくもく耕舎とお客さんとの間の信頼関係も深まり、リピーターもどんどん生まれていきました。

今では、レストランのシェフにもファンが広がり、神楽坂の「s.l.o」というレストランで、「もくもく耕舎の花豆とキャベツの煮込み」というメニューまで誕生しました。もくもく耕舎さんを見ていると、個人宅配が届けているものは野菜だけではないとつくづく思い知らされるのです。お客さんを大切にしようとする気遣いや心遣いは必ず伝わり、お互いを思いやれる良い循環がつくり出されるのだと思います。これこそが、農家直送の野菜宅配の真髄なのでしょう。

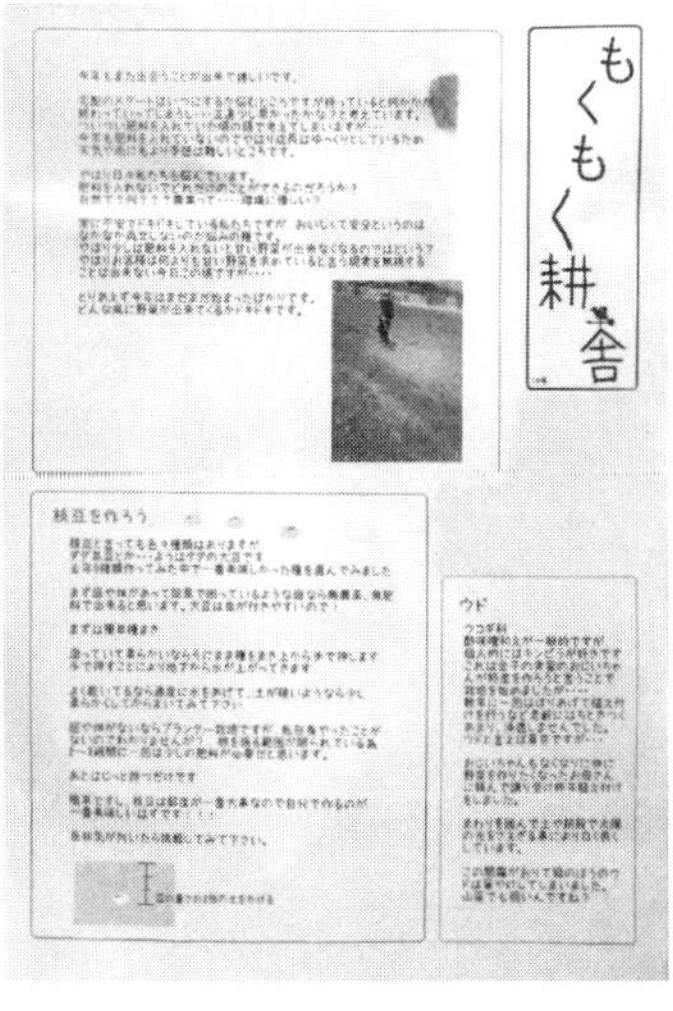

もくもく耕舎

枝豆を作ろう

ウド

もくもく野菜セット（上）と、共にお届けする新聞「もくもく通信」。日々のことや野菜の栽培方法など、様々な情報もお客さんの楽しみのひとつ。

自然農園レインボーファミリー

# 自然と環境を大切にできる仕事として選んだ農業

## 希望を見失ったアメリカの農業

千葉県の流山市でパーマカルチャーを取り入れた自給自足的な農業を営むのは、自然農園レインボーファミリーの笠原秀樹さん。最寄り駅の南柏は大手町まで約40分の通勤圏内とあって、駅前には立派なビルやマンションが立ち並びます。こんな都会に畑があるのかと思わせるほど開発が進んでいますが、車を5分ほど走らせると、意外にも長閑《のどか》な農村風景が広がり、「自然農園レインボーファミリー」の手づくり看板が出迎えてくれます。

笠原家はこの地に根をはり、秀樹さんで5代目。1代目はお寺の住職でしたが、2代目が所有の土地の多くを手放してしまったため、3代目が借地で農業を営みながら900坪の土地を買い戻しました。4代目にあたる秀樹さんのご両親は農業ではなく、フラワーデザイナーの仕事をし、5代目にあたる秀樹さんが3代目の買い戻してくれた土地を基盤として有機農業の世界に足を踏み入れたという、一筋縄ではいかないお家柄です。秀樹さんは、幼い頃から家の周りに広がる自然の中で、ザリガニ捕りをしたり、木に登ったり、外で元気に遊ぶことが多く、自然や環境に対する愛情は自然に芽生えていったそうです。とはいえ、農家になるつもりはまったくなく、興味があったのは、むしろ環境や森に対してでした。

そこで、高校卒業後は東京農業大学の農学部林学科に進みますが、日本の林業の抱える問題は切実で、経営を成り立たせることが非常に難しいという事実を知りました。現在、日本は、住宅などに使う木のほとんどを輸入に頼っています。その理由はコスト。木を切り、加工し、輸送するという工程を国内で行った国産品より、安い人件費で加工できる輸入品のほうが、はるかに安いのです。そうして競争力を失った日本の林業は衰退してしまいました。林業の世界に希望を見出すことができなかった秀樹さんが、大学卒業後に選んだ道は、1年間のアメリカの農場での研修でした。理由は、最新とされていたアメリカの農業の現場を1度は見てみたいと思ったからだそうです。しかし、実際に体験した最新とされているアメリカの農業は、ヘリやセスナで農薬を散布したり、砂漠化した農地にスプリンクラーで水をまくというもので、秀樹さんの好きな「環境や自然」を大切にする農業とは程遠いものでした。

## 都心近郊での挑戦

そこで、帰国した秀樹さんは、今度こそ自然環境を大切にできる仕事を探そうと、ガーデニングの会社で働いたり、岩手でパーマカルチャーを実践する農場「自然農園ウレシパモシリ」の農場長である酒勾《さかわ》さんに会ったり、地球温暖化をはじめとする環境問題を呼び掛ける活動を行う「レインボーパレード」でボランティアをしたりしつつ、自分の道を探りました。

一生懸命に自分の生きる道を模索する秀樹さんに、神様はステキなプレゼントをくれます。レインボーパレードのボランティアで、人生の伴侶である、奥様の純子さんと出会ったのです。そのとき純子さんは、ちょうどワーキングホリデーを活用して1

年間、ニュージーランドのパーマカルチャー農場に行く準備を進めているところでした。ウレシパモシリの酒勾さんなどから話を聞いて、パーマカルチャー農場を実際に見てみたいと思っていた秀樹さんは、3ヵ月の休暇をとり、純子さんと一緒にニュージーランドに渡り、世界でも指折りのパーマカルチャー実践農場であるレインボーバレーファームで研修を行いました。そこで見た農業は、まさに、2人が目指す生き方そのものだったそうです。その体験から、秀樹さんと純子さんは、自分たちも日本でレインボーバレーファームのような農場をつくりたいと思うようになりました。

同じ夢を持った2人は帰国後に結婚し、2人の夢を実現するために、日本のウィンドファミリー農場という循環型農場での研修を始めます。その農場には、畑と田んぼがあり、豚や鶏を飼い、生活用水を循環させるシステムなどもありました。2人が目指す農法と近く、最初に訪れたときから、「これだ」と思ったのだそうです。そして、秀樹さんが農家になることを決心する最後の後押しになったのが、農場長の上田さんのこんな一言でした。「ラーメン屋だったら、千人以上のお客さんがいないといけないけれど、農家だったら週に30件の野菜を出荷できればやっていけるよ」。それを聞いた秀樹さんは、「週に30件なら、僕にもできそうだ」と、現実的なイメージが湧い

レインボーファミリーの笠原さん。元気に走り回って育つ平飼いの鶏の卵は健康そのもの。

たそうです。

1年間の研修を経て、2人は秀樹さんの実家のある千葉県の流山市に就農することを決めました。実家が所有している農地だけで農業を営むことは無理だったので、必ずしも流山で就農する必要はなく、田舎での就農も考えたそうですが、都心に近い流山という土地で、「あえて都心に近いところでしかできない、消費者に近い農業をやってみよう」と思い、この地に就農することを決めたのだそうです。

秀樹さんの最初の仕事は、畑を借りることでした。農家としてやっていくために、もともと所有していた450坪の農地を1町歩《ちょうぶ》（約3000坪）まで広げたいと考えましたが、流山近辺では宅地化が進み、現存している農地が少ないため、畑を人に貸そうという人はあまりいません。そのため、近隣の耕作されていないような農地を見つけては地主を探し、畑を貸してほしいと直談判して回ったそうです。就農時には2反《たん》5畝《せ》（約750坪）の畑から始め、その翌年に新たに3反5畝（約1050坪）を借りてと、徐々に畑を広げていきました。

## 小規模農家ならではの醍醐味

現在は、1町歩の畑で年間50〜60種類の野菜を育て、300羽の鶏を平飼いし、その卵をセットにして販売しています。

就農してすぐに赤ちゃんを授かったので、農作業はほとんど秀樹さんひとりでした。「もう、俺がやるしかないでしょ」と、頑張ったそうです。しかし、大変なこともあった反面、お客さんとの忘れられない思い出もできたそうです。その赤ちゃんの出産は、なんと三日三晩かかるほど大変な難産だったのです。その間には、野菜の出荷日があり、苦しむ純子さんのそばを離れて野菜の配達に行くか迷ったそうです。そこで、お客さんに電話をして事情をお話しすると、全員のお客さんが「私たちのことはいいから、奥さんのそばについいてあげなさいよ」と言って、赤ちゃんの誕生と2人を温かく見守ってくれたのだと言います。このように、お客さんと人と人として、思いやりでつながれることも、小規模な農家ならではの醍醐味だと秀樹さんは語ります。

お客さんの温かい気持ちに包まれて生まれてきたお子さんは、もう4歳。一昨年、下のお子さんも生まれて、秀樹さんは2人のお子さんのお父さんとなりました。

秀樹さんに「農家になってよかったですか?」と聞くと「農家だと、基本的に24時間を自分の好きなように使えるから、家族との時間を大事にしやすいんです。子供と畑を散歩してると、葉っぱが大きくなったとか、実が赤くなったとか言って喜んでいるんだけど、そうやって、毎日一緒に話をしながら子供の成長を見れるってことが本当に嬉しいよね」と言います。

アメリカ、ニュージランドと旅を重ねて、自分探しをした秀樹さんは、自給自足的な農家という生き方を見つけ、愛する家族と共に、ゆっくりと着実に自分色の人生を紡いでいます。

しげファーム

# ソムリエ出身の夫と環境問題を学んだ妻が選んだ農家の道

## 農業をするつもりはなかった学生時代

千葉県の千葉市若葉区で、有機農業を営むのは、しげファームの山本茂晴さんと、妻の美香さん。6年前にこの土地で新規就農しました。

畑の入り口に書かれた「しげファーム」の看板も、手づくりの直売所も、どことなく洗練され、フランスの田舎のような雰囲気があり、カフェのようです。それもそのはず、実は茂晴さんは、農家でありながらワインのソムリエの資格も持ち、農家になる前は、ホテルやレストランなどで働いていたというのです。

人やワインが好きでレストランで働いていたという茂晴さんが、農家になる道を選ぶまでに、どのような転機や道のりがあったのかを聞いてみました。

「僕の実家は、北海道で米農家をしているんですよ。でも、家業は兄が継ぐものだと思っていたので、僕は農業をするつもりはなくて、高校卒業後は東京の専門学校に進学したんです」

専門学校在学中にまかないを目当てに始めたホテルやフレンチレストランでの接客業が「人が喜んでくれることが好き」という性分に合い、お客さんに対するサービスを高めるために、ワインのソムリエの資格を取得するまでに至りました。そして、「レストランの仕事がそんなに好きだったら、ソムリエの資格を取ったら？」と、アドバイスをしてくれたホテル勤務時の同僚だった美香さんと結婚。実は、この結婚こそが、茂晴さんを農家の道へと導いていったのです。というのも「しげさんは、農業に向いているからやるべきよ」と言い出したのは、美香さんだったのです。

美香さんは結婚後、環境問題に対する興味が高まり、本格的な勉強をするために、大学院の環境科学研究科という学部を受験しました。茂晴さんに相談してのことでしたが「どうせ受かりっこない」という理由であっさりと賛成してもらったのだそうです。ところが、猛勉強の末、見事合格。晴れて、環境問題に取り組む大学院生に転身しました。

「びっくりしましたよ。どうせ受かりっこないと思っていたから"いいよ"なんて言ったら、本当に受かっちゃうんですから」

## 妻の勧めから農業をスタート

そこから2人の人生は一転。茂晴さんがレストランで働きながら、美香さんが大学院に通うという生活が始まりました。そして美香さんは大学で本格的に環境問題に取り組んでいけばいくほど、環境を破壊することなく農作物をつくる有機農業に関心が向くようになっていったのだそうです。

「環境破壊は確かに問題だけれど、自分自身はどうなのだろう、私の生活は環境を破壊していないのかしら、と疑問が湧いてきたんです」

そんな中、自分の食べ物を素材から自分でつくり、自然とも密接にかかわりあって生きていく「農家」という生き方に心惹かれるようになっていくことは、とても自然な流れだったと言います。

美香さんは何度となく茂晴さんに、「農家になってみない？」と提案してみたそうですが、今回ばかりは美香さんの提案に、なかなか首を縦に振ってはくれませんでした。なぜなら茂晴さんは、農家の出身。幼い頃から、家の農作業を手伝い、農家の良さを知る反面、農家の大変さを身にしみてわかっていたのです。

「どれだけ大変かってことが、わかってますからね。これから茨《いばら》の道に進んで行くことが見えている分、素直に農家になろうとは思えなかったですよ。3歩進んでは、2歩さがるといった感じでしたね」と語ります。

しかし、茂晴さんに流れる農家のDNAがそう思わせるのか、野菜を育てることに対する愛着は深かったそうです。そして、美香さんの環境に負担をかけない生き方をしたいという気持ちもよくわかり、しだいに「農家になってもいいかな」と思うようになっていきました。とはいえ、どうやって畑を探せばいいのか、どこで研修をすればいいのかなどの具体策がわからず、なかなか就農するための最初の1歩が踏み出せずにいたのだそうです。

ちょうどそのころ家庭の事情で、千葉市に引っ越すことが決まり、美香さんが千葉市の市役所に行った時、たまたま市役所内に置かれていた「千葉市新規就農制度」というパンフレットを目にしました。そこには、具体的に千葉市で新規就農する方法が書かれており、「これだ」と思った美香さんは、早速家に持ち帰って、茂晴さんに手渡したそうです。茂晴さんは美香さんからもらったこのパンフレットを見て、ようやく農家になることが現実のこととしてイメージできるようになりました。美香さんのこの行動が、迷いのあった茂晴さんの背中を「ポン」と押すことになったのです。

その後はそのパンフレットに沿って具体的な準備が始まりました。千葉県の就農援助制度を活用して、茂晴さんが１年間の農家研修に行き、土地を借り、ようやく農家としての生活がスタートしたのです。

現在は、約１・５町歩（４５３７坪）の畑で、農薬や化学肥料を一切使わず、落ち葉、籾殻《もみがら》、鶏糞を主体にした自家製の堆肥《たいひ》や緑肥《りょくひ》を使って土づくりを行い、米糠《こめぬか》、鶏糞、菜種粕《かす》、魚粕などを使った自家製の〝ぼかし〟という肥料を使って、食べる人に安全で、環境にも負担をかけない農法で野菜を育てています。もちろん、鶏糞も、ポストハーベストフリー（保管のための農薬を使っていない）の餌を与え、無投薬で育った鶏のものを使うなど、肥料の原料から安全なものを使うように気をつけています。農家になる前は、農家の現実を知るが上の躊躇があったものの、今では、野菜づくりが好きで仕方がないというほど、農業に没頭しており、特に、種を見るとついついつくりたくなってしまうそうで、しげファームの畑では大根だけでも、青首大根、おふくろ大根、聖護院大根、辛味大根、青長大根、紅心大根、黒大根、赤大根と、10種類近くの品種を栽培しています。

「ついつい、いろいろつくりだくなっちゃうんですよ。なんでそんなにいろんな品種があるのですか、と言われると困るんですが、種を見ると育てたいと思ってしまうんですね。それぞれ味も、風味も違い、いろいろな個性がある。他の品目もそんな感じで増えてしまうので、年間１００品種以上はつくっていると思います」

## お客さんへの配慮とリスク回避を考慮した農法

これだけたくさんの品種の野菜をつくれるのは、野菜セットの直販をメインにおいているからです。しげファームの野菜セットには10種類前後の野菜が入りますので、最低でも常時10種類前後の野菜が必要になります。しかも毎週または隔週で、定期的にお届けしているお客さんが多いため、飽きてしまわないように、毎回変わった野菜を入れて、箱を開けたときに何かしら楽しんでもらえるようにしようとすると、自然

しげファームの山本茂晴さん。バラエティ豊かな野菜セットは、年間100品種以上つくるという千葉の農場から届けられる。

といろいろな野菜を栽培するようになっていくのだそうです。

このように、たくさんの種類の野菜を少しずつ育てる方法は、レタスだけ、じゃがいもだけ、といった単一作物の栽培よりも効率は悪いのですが、畑の土の使い方からすると、バランスがいいといわれています。

というのは、野菜は野菜の種類によって必要な栄養が違ったり、土に与えてしまうダメージが違うため、同じ野菜を同じ場所で毎年つくっていると、土のバランスが壊れてきてしまう現象が生じるからです。そのため、いろいろな野菜を畑の中で順繰りに育てていくことで、土のバランスが壊れないようにしているのです。

また、リスクを減らすという役割もあります。もし、虫が大量発生したり、野菜が病気になってしまったとき、農薬を使うことができるならば、それで処置することができますが、農薬を使わない場合は基本的に施す手がないので、あきらめるほかありません。野菜の病気や虫の大量発生は品種ごとに起こる場合が多いので、もし1品種の野菜しかつくっていなかった場合、畑の作物が全滅といったことにもなりかねません。

しかし、いろいろな種類を少しずつ育てている場合、トマトが病気になって全滅してしまっても、ピーマンや、レタスには被害が及ばず、全体としてはさほど影響がないというように調整することができるのです。この、〝病気にならないようにする〟のではなく、〝病気になっても大丈夫なようにしておく〟というのが、有機農業の考え方なのです。そのような多品種の中から育てられた、様々な野菜を少量ずつ箱に詰めた野菜セットは、一人ひとりのお客さんに自らがトラックで届けたり、遠方の方には宅急便でお届けしたりしています。農家が直販で野菜を販売することは手間がかかりますし、非効率的な面もありますが、このやり方でしかできないこともあるのです。

## その時々の美味しさを知ってもらいたい

現在、市場に出回る野菜はほとんどが見た目重視で売られています。最近は形が不ぞろいでも気にしなかったり、虫食いがあっても許してくれる人が増えたりして状況は格段と良くなっていますが、それでもやはり、市場では〝見た目のいいもの〟が出回ります。しかし、野菜も生き物ですから、見た目がいい頃も、悪い頃もあり、それが味に直結しているかといえば、そうでない場合もあるのです。

例えばキャベツですが、良いものとして市場に出回るのは、青々として、外葉につやがあり、実がぎゅっと詰まったものとされています。「野菜の選び方」を紹介する本をひらけば、こう書いてあることが多いでしょうし、スーパーなどではそんな野菜がおいしそうに並んでいます。しかし、茂晴さんに言わせると、何度も霜に耐えて、周りが黄色くなってきた頃が、一番味がいいのだそうです。しかし、それがわかってもらえない。もしくは、市場の方はわかったとしても、見た目が悪いと店頭で売れないので扱ってはもらえないのです。

実は私も、茂晴さんに野菜を届けてもらった際に、黄色がかったキャベツが入っていたので、「ちょっと今回のキャベツは良くなかったですね」と伝えたことがありました。なぜなら、黄色いキャベツがおいしいなんて話を聞いたことがなかったからです。しかし、茂晴さんは「それくらいになってからが一番おいしいんですよ。外見は悪いんですけど」と悲しそうに言うのです。本当かしらと思い、そのキャベツを食べてみると、今まで食べたことがないほど甘く、凝縮された旨みが閉じ込められたキャベツでした。

このように、商品として価値がないとされてしまうものでも、農家の目から見ればおいしいものがたくさんあります。個人宅配では、直接お客さんに説明することができたり、お手紙を添えるなどして、事実をそのまま伝えることができるので、市場の価値観に惑わされることなく、本当においしいと思うものをありのままの状態でお届けできるのだそうです。

「もちろん、いいことばかりではなくて、ピークを過ぎれば味も落ちてくる。ピークというのは、本当に一瞬しかないんです。野菜セットには、ピークを過ぎたものだって入ります。野菜も生き物ですから、人間と同じ。生まれ、成長し、熟成して、種を残し死んでいく。その一生の中にはいろいろな時期があるのです。10代の頃の若くて元気いっぱいの頃の良さもあれば、さまざまな試練をくぐりぬけて人間味を増した40代、50代の良さもあるでしょう。

キャベツだって、最初の若々しいときは、やわらかいから生で食べたり、さっと炒めたりするとおいしい。霜にあたり、見た目が悪くなる代わりに甘みをぎゅっと中に蓄えるようになった頃のものは、スープにしたりすればいいのです。

生き物だからこそ、その時々の多様なおいしさが野菜にはあるということを知ってもらいたいですね。昔に比べると、消費者の理解も随分と進んでいますが、このように野菜にもいろいろな時期があるということは、まだあまり認識されていません。野菜というものは自然の一部なんですよね。それを伝えていくこともまた、農家の仕事なんでしょうね」

七草農場

# 「安心・安全・ハッピー！」を合い言葉に

## 縄文式百姓に魅了され、農家に

中央アルプスの麓《ふもと》、長野県伊那市で自給自足的な農業を営むのは、七草農場の小森健次さんと、奥様の夏花さん。共に31歳です。中央アルプスの山脈が一望できる畑で年間50種類ほどの野菜と、お米をつくっています。築50年の古民家は、畳を板の間に張り替えるなど自分たちの手でリフォームを施し、手づくり生活を楽しんでいる様子がうかがえます。

一昨年、息子の一心くんが誕生し、充実した日々を送る七草農場ですが、2人が出会い、この地で農家として一歩を歩き出すまでには、長い長い道のりがありました。夫の健次さんは、兵庫生まれの大阪育ち。父親は会社員と、農業には縁のない環境でした。ただ、環境保護には心惹かれるものがあり、高校卒業後は専門学校で環境保護について勉強しました。卒業後は、北海道や沖縄、オーストラリアなどに移住しながら、自分の生き方を模索したものの、なかなか〝これ〟といったものにはめぐり合えず、多少なりとも焦燥感を抱えていたそうです。

そんなとき、当時付き合っていた夏花さんに誘われて訪れたイベントで兵庫県のあーす農場の大森さんという農家に出会いました。あーす農場は、兵庫県の山奥で、米と野菜をつくるだけでなく、豚、ヤギ、鶏などの家畜を飼い、炭焼き釜やパンづくりのための石釜や、バイオガス、水力発電装置までもつくってしまうという、スーパー自給自足を営んでいる農家です。大森さんの話を聞いた健次さんは、これこそが、自分が探していたものではないかと感じ、「いつでも遊びにきていいよ」という大森さんの言葉を頼りに、あーす農場を訪れました。

「1ヵ月ほど居候させてもらって、小屋をつくったり、炭焼きを焼いたり、鹿の解体をしたり、農作業の手伝いをしたりと、あーす農場の〝縄文式百姓〟を体験させてもらったんです。そうしたら、今までに体験したことがないくらい毎日が充実していて、すごく楽しかったんですよ。僕がやりたかったのは、この〝縄文式百姓〟だって思いました」

この体験をきっかけに、健次さんは農家になる決心をしたのだそうです。

## 遠距離別居婚からのスタート

一方、夏花さんは、東京生まれの東京育ち。父親の仕事は同じく会社員と、農業に縁のある環境ではありませんでしたが、2、3歳の頃から兄妹でキャンプサークルに参加しては、国内外のキャンプやトレッキングを体験していたそうです。

こうした体験を通し、自然や山々に愛着を感じていた夏花さんは、日本大学の林学科を専攻した後、京都の造園会社に就職し、植木職人になりました。女性の植木職人は珍しかったそうですが、夏花さんはこの仕事が大好きで、木々に囲まれて生活できることが楽しくて仕方なかったと言います。

フリーランスの植木職人として独立し、仕事も軌道にのってきた頃、結婚を前提に付き合っていた健次さんから「あーす農場のような自給自足的な農家になりたい」と聞かされました。それを聞いて、「一緒に農業をやりながら、出来る範囲で植木職人を続けるのもいいかな」と思い、健次さんと共に農家になることにしたのだそうです。2人は健次さんが埼玉県の研修先に旅立つ10日前という強行スケジュールの中、結婚し、新妻の夏花さんが、京都で植木職人をしながら彼の帰りを待つという、遠距離別居夫婦になったのでした。健次さんの研修期間の間に、休みを見つけては2人で、山梨、栃木、群馬、京都と様々な就農希望地を見て回り、最終的に借りたのは、長野県伊那市の古民家と、5反《たん》(1500坪)の畑と5畝《せ》(150坪)の田んぼでした。

## お客さまに支えられて

めでたく、2人は夫婦として、そして農家としての第一歩を踏み出したのですが、最初からうまくいったわけではありません。特に最初の1年間の畑仕事は大変だったそうです。

「本当に1、2年目はわからないことだらけで。失敗して初めて、研修で言われたことの意味が理解できるような状態でした。野菜ができても売り先がなくって、どうしようってこともありました。今はずいぶんお客さんも増えて落ち着きましたが、それでも毎年、何かしら新しい問題が発生して、解決方法を探し、徐々に農業がわかっていく、そんな感じです。それが面白いところなんですけどね」

どの農家にも言えることですが、最初は、土もできていないし、ノウハウも溜まっていない。ですから、農業歴20年、30年のベテラン農家と同じような野菜をつくることはできません。だからといって、ベテランの野菜しか売れないようでは新しい農家が育ちません。消費者として、同じお金を払うならばおいしい野菜がいいに決まっていますが、それでもあえて、若い農家の野菜を買ってくれる人がいる。それは一体なぜなのでしょう。

やはりそこには、人と人とのつながりがあるのだと私は思います。若い農家を自分の子供や、友達のように思い、応援してくれるお客さんがいるからこそ、若い農家が育っていけるのです。

「最初の頃は、あんまりいいものができていなかったと思います。それでも、野菜セットを注文し続けてくれるお客さんもいるんですよね。去年ぐらいかな、初期から注文してくれているお客さんから〝最近は野菜づくりがうまくなりましたね〟なんて誉められました。まだ新米だって知っていて、それでも僕たちから野菜を買ってくれていたなんて、ありがたいですよね」

今は、就農4年目とは思えないほど腕が上がり、見事な大根やキャベツがゴロンゴロンと入っている野菜セットは人気で、野菜の生産が追いつかないほどになりました。もちろん、お客さんとの関係も順調で、生産者、消費者を超えた様々なやりとりがあるそうです。

「お客さんが、うちの野菜を使ってパンをつくって、たまにそれを送ってくれるんですよ。こんな風に大事に食べてもらってるんだなーって思うとすごく嬉しいし、金銭以外のやりとりができるのって、すごく幸せな気持ちになるんです」

また、こんなこともありました。

「この間、お客さんから〝キャベツが固かったわよ〟ってファックスが入ったんですね。それがクレームではなくて、〝気付いてないかと思って、これは知らせてあげなきゃと思ったので連絡します〟って書いてあったんです。農産物なので極《ごく》まれにそうしたことも起こってしまうんですが、お客さんが僕たちの味方としてアドバイスをくれる

七草農場の小森健次さん（左）と夏花さん（右）。野菜づくりだけでなく、日々の暮らしも地球に負担をかけない方法で楽しんでいます。

ような関係が築けているということがすごく嬉しかったですね」

## 無理をしない生活　無理をしない野菜づくり

七草農場では、日々の生活でも地球に負担をかけないようにしています。例えば、お風呂は、夏期は屋根に設置したソーラーパネルの熱でお湯を沸かし、冬期は薪《まき》で焚くので、電気やガスは使いません。

「お湯を沸かすのに1時間ぐらいかかるんですが、薪で焚いたお風呂はあったかくて、本当に気持ちがいいんです」

環境に負担をかけないことも大切ですが、我慢や無理をしているわけではなく、なによりそれが気持ち良くて、楽しいから、続けたくなるのだと、夏花さんは言います。

そうした無理をしない七草農場の精神は野菜づくりにも見られます。山々に囲まれ、アルプスの雪解け水が湧くこの地で採れる野菜はとてもおいしいのですが、寒冷地でもあるため、冬場の2月頃から、初夏の5月頃までは野菜の出荷ができなくなってしまいます。そんなとき、お客さんが離れてしまわないか、心配になったりしないのでしょうか。

「離れる人もいますよ。でも、仕方ないですよね。ビニールハウスを燃料を使って温めるようなことは、僕たちの目指す生き方とは違ってしまうし、コストだってかかるから高くなるし、無理して野菜をつくっても、いいものはできないから、結局お客様に迷惑をかけてしまうと思うんです。だから、無理はしないで、〝冬はそういうもんだから仕方ない〟って思っています。そう思ってしまえば、意外と大丈夫なもんですよ。冬には冬で、家の手入れだったり、小屋づくりだったり、そういう仕事だってあるんですから」

無理せず柔軟に、肩の力を抜いて生きていこうという七草農場の思いは、野菜と一緒に全国各地に届けられ、食卓に小さな幸せの種をまいているのかもしれません。

えがおファーム

# NPOで働きながら展開する新しい農家スタイル

## タイの農村で知った、本当の国際協力の意味

山梨県の北杜市黒森地区、瑞牆山《みずがきやま》の麓《ふもと》に位置する「えがおファーム」は、標高が1200メートルもあり、まるで避暑地のような清々しい環境にあります。

この農場は、都市の農村との交流に力を入れる「NPO法人えがおつなげて」の事業のひとつとして運営されているため、農作物の栽培以外にも、農業体験のイベントを催したり、遊休農地の活性化などにも取り組んでいる、少し変わった農場です。

現在、このえがおファームを運営しているのは、小黒裕一郎さん、彩香さん夫妻。

主に裕一郎さんが農作業を担当し、彩香さんがイベントを担当しています。

彩香さんは、横浜生まれの横浜育ちで、短大を卒業した後は保険会社に勤めながら、休みを利用して、タイ人の就学支援活動を行うボランティア団体で活動していました。夫である裕一郎さんとは、この団体でボランティア仲間として知り合ったそうです。彩香さんは、その団体でボランティア活動をするうちに「人の助けになるような国際協力活動がしたい」という目標を見つけたそうです。そして、その思いは日に日に強まり、「会社を辞めて、本気で国際協力をやってみようか」と考えるようになるほど大きく膨らんでいきました。

ある日、そんな彩香さんのもとに、思わぬ情報が転がり込んできました。それはなんと、タイ現地のボランティアネットワークで事務局を行なっていた友達からのこんな相談でした。

「日本に帰国するので、タイで事務局をやってくれる後任者を探しているの」

この相談を受けた彩香さんは、これが〝チャンス〟と「私がやります」と名乗りをあげ、翌年にはタイへと旅立ちました。

タイでの仕事は、現地のボランティアスタッフとの交流ができたため、タイが抱える様々な問題を教えてもらうことができたそうですが、中でも彩香さんが心を痛めたのは、スラムの貧困や少女たちの売春でした。

タイの都市部では、日雇い労働を目的に田舎から出てきた貧困層の人たちがスラムを形成していました。その環境は劣悪で、しかも、彼らはいつ立ち退きを迫られて行き場をなくすかわからないような、不安定な状況で毎日を送っていました。また、田舎から出てきた少女たちが売春して、その稼ぎを両親に仕送りすることで、家族を支えるというようなことも行われていました。

なぜ、こんなに悲しい状況が生まれてしまうのだろう、そう考えて原因をたどると、どちらも最終的にはひとつの問題に突き当たるのだと言います。それは農村部の貧困です。一部の農村では生活が非常に厳しく〝どんな過酷な条件であろうと、誰かが都会に出稼ぎに行かなければ、家族が暮らしていけない〟という現実がありました。それを知った彩香さんは、「この目でタイの農村の現実を見て、彼らと同じ生活をしてみなければ」と決意したのだそうです。

ボランティアスタッフの任期が終了した後、彩香さんはタイの農村へと向かい、約1年間にわたって農家に下宿し、農作業の手伝いを行いました。そして、その体験から、相反するふたつの事実を知ったのだそうです。

まずひとつは、田舎の人々の温かさでした。当初彼女は、「貧しい人たちを助けてあげなければ」と思っていたのですが、実際の農村での生活で助けが必要だったのは、むしろ彩香さんだったのです。畑仕事や身の回りのことなどを教えて面倒を見てくれたのは、現地の人たちでした。確かに物質的に貧しくはあったけれど、村の人同士が助け合って生きていく姿に、彩香さんは人の温かみや、助け合うことの尊さを学ばせてもらいました。

そしてもうひとつは、農業の厳しさでした。彩香さんの滞在した農村では、主に輸出用の野菜を育てていました。そこには、いわゆるグローバル経済の末端として生産の現場に携わる人たちの厳しさがあったと言います。例えば、じゃがいもはスナック菓子にするための加工用として出荷していましたが、見栄えのいい大きな実のついたものしか買い取ってもらえないため、化学肥料を使って大きな実をつけなければなりませんでした。しかし、じゃがいもの買い取り価格に対してその肥料が高いため利益が少なく、彼らの生活は逼迫《ひっぱく》していました。また、虫食いなどは許されないため、野菜には頻繁に農薬をかけるのですが、それで農家の体がやられてしまい、入院するような人もいたと言います。

彩香さんの滞在した村は比較的豊かな地域だったそうですが、それでも農家たちは、子供に自分のような苦労はさせまいと、子供はひとりしかつくらず、学校に行かせて学歴を付け、都会で会社勤めをできるようにと育てていました。そうしたことから、村には30歳以下の若い農家の姿を見かけることが少なかったそうです。

彩香さんは、この経験から、私たち先進国が安く野菜を仕入れるために、途上国の人々の生活をいかに犠牲にしているかということを知り、「本当の意味で国際協力がしたいのだったら、日本に帰って自分の食べるものをつくったり、そうしたことをできる人を増やしたりすることで、途上国の人たちの生活を犠牲にしなくてもよい社会をつくらなくては」と思ったのだそうです。

一方、夫の裕一朗さんも、横浜生まれの横浜育ちで、大学卒業後は小学校の先生になる予定でした。しかし、「まだ人を教えるには経験が少なすぎるのではないか」という思いから、教員になることを一旦止めて、合計4年間に亙《わた》る自転車旅行の旅に出ます。最初の年は日本一周、2年目は東南アジアを一周。そして、3、4年目はチベットやインドを回りました。その旅行では都会を避けて主に農村部を回ったため、手つかずの自然の中で農業を営みながら、昔ながらのゆったりとした生活を送る人たちと触れ合う機会が多く、ごく自然な流れとして、「日本に帰ったら、自分も田舎で自給自足的な生活をしてみたい」と思うようになったのだそうです。

## NPOだからできることを、という選択

えがおファームとの出会いは、彩香さんがタイから帰国した後に、知人から「面白い農園があるよ」と教えてもらったことがきっかけでした。最初は彩香さんがボランティアスタッフとして農場を手伝い、次の年に正式なスタッフとなりました。そして、数年前からお付き合いを始めていた裕一郎さんと結婚し、彼もえがおファームのスタッフとなりました。

これまで紹介した農家たちと違い、彼らはNPO法人の運営する農場で働くというスタイルを選んでいます。自給自足的な生活をしたいと思い、農家を目指した2人が選んだ生き方として、違和感はないのでしょうか。

「最初は僕たちも、えがおファームで何年か実務を積んだ後は、独立して農家になろうかと思っていたんです。でも、ここで働いてみて、僕たちが目指すことと、『えが

おつなげて』の目指すことがほとんど同じだということに気づいたんですね。僕たちは農家として作物をつくることも好きだけれど、農業の良さをもっとたくさんの人に知ってもらいたいんです。その目標のために働くのだったら、個人であっても、組織であっても、どちらでもいい。そう思ったんです」そう答える裕一郎さんと彩香さんは今、NPO法人ならではの組織力をいかし、農業の感動をより多くの人に伝えようと意欲を燃やしています。このように、大きな目標が一致しているのであれば、どのような形態であるかは大きな問題ではないのかもしれません。

## 新しい企業提携スタイル

えがおファームのある集落では、高齢化や過疎化が進んでおり、それに比例して遊休農地が増えています。こうした状況を解決するためにも、えがおファームでは企業との新しい提携スタイルを実践しています。

現在提携している和菓子屋では、大豆畑の一区画を専用の「自社農場」のように使ってもらい、種まきや収穫などの農作業を一緒に行なっています。こうして農作業を手伝ってもらえることで、人手が少なくても畑を運用できるという利点がありますが、和菓子屋さん側からも「社員が素材の生産に携わることで、素材を大切に扱うようになった」と喜ばれているそうです。

また、自然食品専門店とのトウモロコシの提携では、自然食品店のスタッフが農作業を一緒にやることはもちろんのこと、時には自ら収穫に来て、トラックにトウモロコシを積んで東京のお店に持っていくこともあるそうです。輸送費はかかりますが、スタッフ自らが収穫してきた新鮮なとうもろこしということで、お客さんが喜んで買ってくれると、自然食品専門店の人も喜んでくれているそうです。

このように、えがおファームでは企業提携といっても、お金や商品だけのつながりではなく、提携先の人とも〝人と人〟として付き合い、野菜の大切さや、農業の良さをわかってもらえるような温かみのある関係を目指しているのだそうです。

## 子供の頃の農業体験を未来につなげて

また、イベント部門では〝子供ファーム〟というイベントも開催しています。これは、親子で参加してもらい、大豆の種まきから収穫までを行なったり、その大豆を使って味噌づくりをしたり、トウモロコシやさつまいもの収穫をしたりというもので、〝子供の頃の思い出に、農業に触れた記憶を残してもらいたい〟という思いからスタートしています。

「子供の頃の記憶って、結構覚えてるじゃないですか。僕たちのイベントに参加した人たちが、農作業に触れた体験を覚えていてくれて、大人になってからも、農業に関心を持ってくれたり、自分でも何か野菜をつくろうと思ってくれたら嬉しいです。そんなきっかけを少しでも多くつくれたらいいなと思って運営しているんです」と裕一郎さんは言います。

確かに、都会で生活していると、畑や田んぼに触れる機会はめったにありません。しかし、畑や田んぼには都会では体験することのできないたくさんの感動があります。様々な虫や動物が生きていたり、それぞれの捕食の関係があったり、お天気次第で野菜が成長したり、しなかったり、人間社会以外にもこんなに豊かな世界があったのかと驚かされることばかりです。子供の頃の小さな思い出が、大人になったときにどう花開くかは人それぞれだと思いますが、自然の中で体験した楽しい思い出は、きっと人生を豊かにしてくれるでしょう。

このように、今、小黒夫妻はえがおファームという場所をいかして、農業の楽しさを一人でも多くの人に知ってもらおうと奔走しています。こうした小さな活動が、より多くの人々が幸せでいられる社会の基盤をつくっていくのかもしれません。

みやもと山

## 36代目農家の父ちゃんと〝ビッグママ〟母ちゃんの自分らしい農業と生活

### 子供がきっかけで有機農業に

千葉県匝瑳《そうさ》市で36代、1200年続く農家を営んでいるのは、みやもと山の齊藤實《みのる》さんと、奥様のふみ子さん。

「私が農家になるなんて、ちっとも思っていなかったの。實さんと結婚したくて農家にお嫁に行っただけなのよ」

そう言うふみ子さんは、東京生まれの東京育ち。實さんに出会うまで農業にも野菜にもまったく興味がなく、「お米は工場でつくっていると言われれば、そのまま信じてしまうくらい、農業に疎《うと》かったの」と言います。そんな彼女が、實さんと運命の出会いをしたのは、障害者自立のための支援活動でのこと。

大学に進んだふみ子さんは、障害者自立支援のボランティアに興味を持ち、ボランティア団体に入りました。その後、千葉県八日市場市の「障害者自立を目指す会」に派遣され、住み込みで障害のある人たちの手話サークルや車椅子のマップづくりなどの仕事を行なっていました。そこにボランティアスタッフとして手伝いに来ていたのが實さんだったのです。

やがて、二人は結婚を前提としたお付き合いを始めましたが、實さんは、農家の長男。「實さんのお嫁さん」になるということは、同時に農家に嫁ぐということでした。しかし、その頃のふみ子さんには、「農家の嫁」になるということがどういうことなのか、ほとんど見えていなかったそうです。

周囲の人たちも「都会育ちのあなたが、農家にお嫁にいくなんて無理よ」と心配していたようですが、今では、農家のお母さんの代表のような、〝ビッグママ〟になっているのですから、人の人生がどう変わるのかは想像がつきません。

先ほどご紹介したように、みやもと山は36代という歴史ある農家の家系ですが、農薬や化学肥料を使わない農法に切り替えたのは、實さんの代から。きっかけは、息子さんのアトピー性皮膚炎でした。以前、洗剤アレルギーになったことのあるふみ子さんは、化学物資の恐ろしさを感じていたため、薬に頼って直そうとは思わず、自然療法の本などを読んでは、様々な方法を試していたそうです。それと、平行して日々の食べ物を見直し、安全なものを食べさせるために、農薬や化学肥料を使わない農法に切り替えました。

## 正しいと思えることをやっているだけ

現在も農薬や化学肥料を使わない農法で、お米、もち米、大豆、そして平飼いで鶏を飼い、循環型の有機農業を実践しています。

みやもと山が直販を始めたのは、1987年から。それまで、お米というのは農協に出荷しなければならず、農家が一般消費者に直接販売することは許可されていませんでした。それが１９８７年、「特別栽培米」という制度ができ、特別に許可された一部のお米に限り、一般消費者に直接販売することが許されるようになったのです。

みやもと山では、この制度を利用してお米の直販を始めます。最初は、実家や友達からこじんまりとスタートしたのですが、当時から安全なお米を求めている人は意外に多く、口コミでじわじわと広がっていきました。

現在、みやもと山では、お米も、もち米も、在庫が足りなくなってしまうほどの人気です。最近では、お米が余っていて、農家がやっていけないほどお米の価格が下がってしまっているというのに、この違いは何なのでしょう。

「私たちは、差別化のために農薬を使わない栽培をしているわけじゃなくて、自分が正しいんだって思えることをやっているだけなの。値段も栽培にかかった時間やコストを考えて、私たちが生活していけるだけの価格をつけているだけだから、他と比べてどうのっていうのはあんまり考えてないの」と言います。この自分自身に対して誠実である姿勢こそが、みやもと山の人気の源のようにも思えます。

しかし、今のような人気のある農家になるまでは決して楽ではなかったそうです。

「最初の頃、なかなか米が売れなくて困っていたの。特にもち米がね。實さんは〝売れなかったら、鳥にやればいいじゃないか〟なんて具合でどっしり構えているの。でも、『手塩にかけてつくったおいしいもち米を鳥にあげるだけではもったいない。お餅にして販売したら喜ばれるはず』と玄米餅をつくって売ってみたら大人気になったの。これがみやもと玄米餅の始まりなのよ」

今では、實さんがお米や大豆をつくり、ふみ子さんがそれを材料にお餅や味噌、梅干などの加工品をつくり、休日になるとお子さんと一緒に都心のイベントに販売に出かけるというスタイルがしっかり定着しています。

## 子育ても畑仕事と同じく柔軟に

実は、このみやもと家はちょっと変わった子育てをしています。1番上のお姉ちゃんは14歳の時、下のお姉さんは11歳の時、弟さんは8歳の時、学校に通うことをやめてしまいました。最初は一番上のお姉ちゃんが、学校に行きたくないと言いだしたことがきっかけでした。当初、子供は学校に行くものと思っていたふみ子さんは、無理にでも行かせようとしたのだそうですが、無理に学校に行くことで、日に日に生気がなくなっていく娘を見て、「こんなに苦しそうなんだったら、学校には行かなくてもいいんじゃないかしら」と思ったのだそうです。

「自分たちだって枠からはずれて、農業をしながら楽しく生活をしているのに、子供たちだけレールに乗りなさいというのも変。子供も生き生きしていてほしいって、思ったのよ」

このような、ふみ子さんの大きく柔軟な愛に支えられた子供たちは今、しっかりとそれぞれの夢や目標を見つけ、専門学校に通いだしたり、創作活動を開始するなど、いきいきと自分の道を歩んでいるそうです。

そして、ふみ子さんはこうも言います。

「畑仕事もね、農家がいくら頑張ったって、うまくいくときはいくし、いかないときはいかない。すべてはお天気次第なのよね。人はただ、今できることをするしかないの。でも、それで結構うまくいくものなのよ。失敗してもしょうがない。誰も恨まない、誰も悪くない。そう思うようにしているの。農家が作物の成長をちょっとだけ手助けして、あとは身守ることしかできないように、親も同じで、子供の力を信じて身守るだけ。というより、作物からも子供からも教えていただくことばかりなの」

みやもと山の實さんとふみ子さんは、有機農業を目指す若い農家たちにも〝父ちゃん〟〝母ちゃん〟と慕われ、大さく柔軟な愛で、多くの若い農家たちを導いていてくれています。

# 第四章

# 自給自足的な農家の新しい価値観

# 自給自足的な生き方

自給自足的な農家には、いくつかの共通点があります。

まずひとつ目は、生き方です。自らが自給自足的なライフスタイルを実践していいます。そして、ふたつ目は、農法。農薬や化学肥料を使わずに、自然にやさしい農法で野菜をつくっています。そして三つ目は、販売方法。できるだけお客さんに近い方法で、コミュニケーションをとりながら販売していることです。

この章では、そうした彼らの共通点を探りながら、これからの未来を支えるであろう新しい価値観について触れたいと思います。

## 食べ物を自分でつくるということ

彼らは、基本的に自分たちが食べる物はできる限り自分たちの手で育てます。田んぼでは米をつくり、畑では野菜を育て、と食卓に上がる食べ物はほぼ自給。漬物やジャムといった保存食はもちろんのこと、自分の畑で収穫した大豆を使って味噌や醤油までつくるという方も少なくありません。

電子レンジで数分温めるだけで炊き立て風のご飯が食べられるほど、調理時間の短縮が可能になったこの時代に、彼らは生活のほとんどを食べ物づくりに費やしています。例えば、お茶碗1杯のお米をつくるためにも、苗を育て、田植えをし、稲を刈りと約半年もの時間がかかりますし、大根1本を育てるにも、3ヵ月ほどの時間がかかります。金銭的なことだけを考えれば、お店で買ってきた方が安くつくほどです。しかし、こうした彼らの自給自足的な生活は、金銭には代えられない豊かさに満ちています。

それではまず彼らの食生活を知るために、南伊豆で自給自足的農業を営む、はぐくみ自然農園さんの1日をのぞいてみましょう。朝の収穫作業を終えてから家族そろっていただく朝ごはんは、庭で飼っているアヒルの卵の目玉焼きと、収穫してきたばかりのレタスを使ったシンプルなサラダ。天然酵母を使った自家製パンには、手づくりの人参《にんじん》ジャムや、明日葉《あしたば》で作ったジェノベーゼ風ソースを塗って食べます。そして、食後のお茶は、庭で採れたミントを使ったハーブティー。

午前中の農作業を終えて、ペコペコになったお腹を満たしてくれるお昼ごはんは、自分たちが育てた玄米と、自家製の味噌を使った味噌汁に、空心菜をさっと炒めて食べます。添えられた漬物は米糠《こめぬか》から自家製。そして、飲み物には、近くで採れた野草を干した野草茶を。

一日の疲れを癒してくれる夕ごはんには、なすやピーマンを天ぷらにし、ズッキーニの和《あ》えものを。このような野菜中心の食事に、たまには地元の漁港で仕入れた魚を追加することもあります。

それぞれの素性がわかる安全性もさることながら、食べ物を自給することの最大のメリットは、自分自身が大地と繋がっていることを実感し、自然に感謝して生きていける点なのだと彼らは言います。

なぜなら、自分自身で食べ物をつくっているといっても、植物が育つためには、太陽、水、土、風、鳥、虫、微生物など、たくさんの自然の力が必要です。それで、はじめて食べ物を得ることができるのです。日々の農作業や食事から、そうした自然と自分との関係を実感としてわかるからこそ、おのずと自然を敬うことができ、大切にしなければならないと思えるのです。

## 持続可能な仕組みをつくる

この頃、「持続可能な（サスティナブル）」という言葉をよく耳にするようになりました。これは、「今後もずっと持続していける」という意味で使われます。これまで、私たち人間は、石油などの鉱物資源をはじめとする天然資源が、永遠にそのままあり続けることを前提に産業を発展させてきました。それが最近になって、鉱物資源のなかにはあと数十年で枯渇してしまうものもあるとか、砂漠化が広がって農地を確保するにも限界があるといったように、資源にも限りがあるということが、現実味を帯びて議論されるようになっています。

そうした背景があって、最近では、〝持続可能な仕組み〟が注目されるようになってきました。例えば、風の力を利用した風力発電、糞尿を利用したバイオマスエネルギーなどです。風も家畜の糞尿も、石油のように「掘り起こしてしまえば終わり」というものではないので、これらは持続可能な仕組みといえるでしょう。

自給自足的な農家たちは、生活全般に持続可能な仕組みを取り入れています。取り入れているというより、むしろ自分に気持ちの良いことを選択していったら、自然と持続可能な仕組みになっていたという方が正しいかもしれません。なぜなら、彼らにとって、それはごくごく普通の選択だからです。

例えば、エネルギーの利用。多くの農家で暖をとるのに使われている薪《まき》ストーブは、燃料の薪《たきぎ》に林や森の整備、造園の手入れで不要になった木を使うことができるので、環境に対する負荷が少なく、一家に一台あれば十分なパワーがあります。しかも、ストーブ上部の熱を利用して、スープや煮物をつくることもでき、一石二鳥です。

その他にも、生ゴミを微生物に分解してもらって堆肥《たいひ》にし、畑や庭の果樹の肥料として再利用したり、屋根をつたう雨水をタンクに貯めて、農作業の後に手や足を洗う時に使ったり、トラクターに、BDF（Bio Diesel Fuel）という使用済みの油を再利用した燃料を使うなどです。

こうしたことは、一見ストイックで窮屈な生活に見えるかもしれませんが、捨てられるはずだったものを再利用し、持続可能な仕組みをつくり出すことはとても創造的なことで、肩の力がふっと抜けるような心地良さを得ることができるのです。

# 自然に配慮した野菜づくり

## 慣行農法の普及とその危険

自給自足的な農家たちは、農薬や化学肥料を使わずに、自然に配慮しながら野菜やお米をつくっています。そもそも地球環境に対する問題意識をきっかけのひとつとして農業を始めた人が多いので、こうした農法を選択することには迷いがなかったといいます。

歴史をさかのぼれば、農業は約1万年も前に始まったといわれています。もちろん、その頃に農薬や化学肥料はありませんから、もともとはそうしたものを使わずに農作物を育てていました。しかし現在では、農薬や化学肥料を使う農法のことを「慣行農法」（慣行＝しきたりとして行われていること）というように、それらを使う農法が主流となっています。

日本で農薬（化学合成農薬）や化学肥料を使う農法が普及したのは、第二次世界大戦の後です。当時の日本は、十分な食料を配給することもままならず、餓死者が出るほどの食料難でした。こうした状況下における農業の第一の責務は、食料不足の解消や食料の安定供給でした。

その頃、使われるようになったＤＤＴ、ＢＨＣ等の殺虫剤は、農家が長年悩まされ続けた病害虫の駆除に絶大な効果があり、薬をまくだけで草取りをしなくてもよい除草剤は、農家を重労働から解放しました。また、即効性があり、まけば収穫量の増える化学肥料は、まさに夢の肥料だったことでしょう。

しかし、１９６０年代後半より、農薬の使用による自然界の均衡の乱れや、人体への影響が発覚し、１９７１年には農薬取締法が改正。農薬の使用量などの規制が厳しくなるとともに、ＤＤＴ、水銀剤、ＢＨＣなど、それまでよく使われていた農薬が全面的に使用禁止になりました。

また、時を同じくして、有機農業への転換の歴史を語る上では欠かすことのできない二大書籍が出版されます。レイチェル・カーソンの『沈黙の春』(新潮社、1974年)と、有吉佐和子による『複合汚染』(新潮社、1975年)です。これらの本では、農薬の危険性が指摘されており、当時大きな話題になりました。

今から思えば、この時期が、農薬や化学肥料に依存する近代農業から有機農業に立ち戻る良い機会だったようにも思えます。しかし、高度経済成長の波に乗り発展を遂げた第2次産業・第3次産業と、農業従事者の間に広がる所得格差を埋めるためにも、農業をより工業化し、生産性を高めようという流れが強く、農薬や化学肥料に頼る農業が方向転換されることはありませんでした。

## 見た目のきれいな野菜を選ぶ消費者

しかし、ここで、消費者である私たちの責任も忘れてはなりません。私たちは、野菜を買うとき、見た目のきれいな野菜や、少しでも安い野菜を望んではいないでしょうか。

消費者として、きれいなもの、安いものを求めることは当たり前のことですが、私たちのこうした行動が、知らず知らずのうちに、野菜づくりの工業化、効率化を加速させてしまいました。

なぜなら、お店は当然のことながら売れるもの（消費者が選ぶ安くてきれいな野菜）を仕入れます。すると、流通業者や卸業者も安くてきれいな野菜を求めます。農家はそうした需要に応えるために、農薬を使ってきれいな野菜をつくったり、化学肥料を使って効率的にたくさんの野菜をつくったりする努力をしなくてはなりません。本来の目的である「人間が生きていくために必要な、安全な食糧をつくる」という目的から、「買ってもらえる野菜をつくる」という方向へ、目的がすりかわってしまったのです。

こうした状況を疑問に思った一部の農家たちは、農家のあるべき道を模索し始めます。古くから有機農業を実践している農家たちは、「俺たちは、商品じゃなくて、人が生きるための〝食糧〟をつくっているんだ」とよく言います。当たり前のことのように思えますが、農業全体が工業化する流れのなかで、こうした真理を追究することは、とてつもなく勇気のいったことなのです。こうした彼らの動きが日本の有機農業の始まりです。こうした農家たちが、失敗をくりかえしながら、有機農業の技術を蓄積し、次の世代に伝えてくれたからこそ、今の有機農業があるのです。

# 自然にやさしい農法――有機農業

## 何よりも大切な土づくり

有機農業は、土づくりを何より大切にします。その根底には、大地そのものが健康であれば、農薬や化学肥料に頼らずとも健全な作物が育つという考えがあり、米糠や藁《わら》など、自然由来の素材を原料とした有機肥料で栄養を補足することで、健康な大地をつくり、その大地の力を借りて農作物をつくるのです。

健康な大地にはたくさんの微生物や菌、虫や動物が生きており、多様な生命活動が繰り広げられることで、自然の調和が保たれています。天然の森では、農薬や化学肥料を入れなくても植物が元気に育っていますが、それは木の葉などが腐り、肥料となって、木々の成長を支えるという自然の循環ができているからです。また、葉や実を食べてしまう害虫がいれば、その害虫を食べる虫や動物がいるという食物連鎖があるので、特定の害虫だけが増えて、森が全滅してしまうというようなことは起こりません。

自然とはこうして、常に調和をとろうとしているものなのです。有機農業では、そうした自然の仕組みにならって、作物を育てようと考えます。

さらに、長い間有機農業を続けて土づくりが完成してくると、有機肥料さえ使う必要がなくなるようです。農業歴が20年、30年という農家さんの畑に行くと、「最近は肥料をあげていないんだ」と自慢げに微笑まれることがありますが、それは「俺の畑は土づくりが成熟している」という意味なのです。土づくりができているということは、農家にとって最高の名誉なのです。

## 旬の野菜を育てる

最近、「旬がわからない」という話をよく聞きます。スーパーマーケットの野菜売り場に行けば、どんな季節であっても、ありとあらゆる野菜が売られているので、無理もありません。しかし、本来、野菜には旬があります。旬の野菜は味が良いばかりではなく、栽培においてもメリットがあります。

というのは、夏の野菜は暑い時期に元気に育つ特性を、冬の野菜は寒い時期に育つ特性を持っているので、その特性を活かして育ててあげれば、病気になりにくいのです。

それを、無理して人間の都合に合わせ、夏場に冬の野菜をつくろうとすれば、暑さやじめじめとした湿気にやられて病気になってしまったり、冬場に夏の野菜をつくろうとすれば、ビニールハウスを人工的に暖めて夏の環境をつくらなければならないので、余計なエネルギーが必要になったり、病害虫を防ぐ農薬が必要になったりします。

旬を守り、ありのままに育ててあげることによって、農薬を使わなくても、人工的な環境をつくり出さなくても、野菜が育つようにしているのです。

## いろいろな野菜をつくる

畑の使い方には、「連作《れんさく》」と「輪作《りんさく》」があります。連作とは、同じ畑で同じ野菜を続けてつくることをいいます。例えば、ある畑でレタスをつくり、次の年もその畑でレタスをつくることは「連作」にあたります。一方、同じ畑では続けて同じ野菜をつくらないことを「輪作」といいます。例えば、ある畑でレタスをつくった次の年は、その畑ではトマトやなすなど、レタス以外の野菜を育てます。この輪作という育て方には、病害虫が出るのを防ぐ効果があるとされています。

どういうことかというと、レタスにはレタスの、トマトにはトマトの性質があり、土から吸い上げてしまう栄養や、病気を呼び込みやすい要素に偏りがあります。同じ畑で同じ野菜をつくり続けると、土の成分の偏りがどんどん大きくなり、結果として、病害虫を呼び込みやすい土になってしまうと考えられています。

輪作では、畑をいくつかに分け、ローテーションを組んで、今年レタスをつくった畑では来年はトマトを、今年さつまいもを育てた場所では来年はピーマンを、と順繰りに野菜を育てます。そうすることで、畑の状態を偏りにくくし、病気を防ぐのです。

このように、病気になったら農薬を使うという対症療法的な考え方ではなく、そもそも病気にならないように野菜をつくるという、本質的な解決を目指すことが有機農業の基本的な考えです。

## 資源を循環させる

自給自足的な農家たちは、資源の再利用にも気を遣います。

それぞれの農家の環境や規模によって内容は異なりますが、農場内にある資源を再利用して、できるだけものを買ったり、捨てたりしない循環型の環境づくりを実践しています。

これには環境保全的な意味もありますが、由来のわかるものを肥料や資材として使い、野菜の安全性を高めようという意味もあります。せっかく自家製の肥料づくりをしても、仕入れた材料に農薬や抗生物質が含まれていては意味がありません。ですから、できる限り自分の畑や田んぼにあるものを材料にしようと考えるのです。ただし、それができない農家の作物が安全でないということはありません。そうした農家も、抗生物質を与えていない平飼いの鶏舎から鶏糞《けいふん》を仕入れたり、国産の資材のみを使うなど、できるだけ素性のわかるものを使うようにしています。

例えば、畑と田んぼの両方を持っている場合は、このような循環をつくり出すことができます。田んぼでお米をつくると、副産物として藁、籾殻《もみがら》、糠などが出ますが、これらは発酵させて有機肥料として使うことができます。また、畑の上に藁をかぶせれば、植物を保温したり、乾燥を防いだりする効果があります。

養鶏も兼ねるとさらに良い循環をつくり出すことができます。鳥は卵を産みますが、副産物として糞もします。この糞は発酵させることで、良質な畑の肥料になります。そして、売り物にならないようなクズ野菜や割れてしまった米は、鶏が餌として喜んで食べてくれます。また逃げないように枠などをして畑に放せば、畑の雑草や昆虫を食べてくれます。

このように、知恵を使えば、自分の畑や田んぼにあるものだけで、こんなにすばらしい循環がつくれるのです。

循環型にする理由は、持続可能な農法にするためでもあります。近代農法はビニールなどの石油製品、化学肥料、農薬などに依存する傾向がありますが、これらはいつまで続けられるかわかりません。石油は有限なエネルギーなので、一説によるとあと40年ほどでなくなってしまうという話もあります。化学肥料は畑を不健康にしてしまうので使い続けることができませんし、農薬は、食べる人に害を与える可能性があり、使い続ければ、その農薬に耐性を持った種類の雑草が出てくることもあります。これらはどれも、一時は効果的だけれど、やり続けると何かしらの支障がでてしまう、または環境を壊してしまう可能性が高いのです。壊れてしまったものは元には戻りません。ですから、自給自足的な農家たちは、近視眼的な考え方で利益を追求することなく、これから続く、子供や孫の世代にも続けられる農業を目指して、〝持続可能な農法〟で野菜を育てているのです。

## ありのままの野菜たち――自然農法

最近、人気のある自然農法ですが、自然農法と一言にいっても、福岡正信さんによる自然農法、川口由一さんによる自然農、岡田茂吉さんによるMOA自然農法などがあり、考え方も栽培方法もそれぞれ異なります。どれもが、単に農法というよりも、生き方全般にわたる哲学のようで奥が深く、ひとつの農法だけで何冊もの本が書けてしまうくらいですので、この本では、福岡正信さんの自然農法を簡単にご紹介したいと思います。

福岡正信さんの自然農法は、「不耕起（耕さない）、無肥料（肥料を入れない）、無農薬（農薬を使わない）、無除草（雑草を抜かない）」を原則としています。この農法は、福岡氏が「農作物を育てるために本当に必要なもの」を追求し、近代農法から余分なものをそぎ落としていった結果、農薬も、化学肥料も、堆肥も、耕すことさえも必要がないという結論に至り、35年の年月をかけて体系化した農法です。福岡氏の考えによれば、自然とはもともと調和がとれているもので、「本来は何もする必要がない」

もの。もともと調和がとれている自然に対し、人間が余計な手を加えてしまうことによって、調和を崩し、さらに手を加えなければならない状況を生み出しているという考えです。根底には、「自然にすがってさえおれば、自然に随《したが》った生活さえしておれば、人間は生きられるようになっている」という、福岡正信さんの哲学があります。

確かに、森に生きる動物たちは、働いてお金を得なくても、科学の力に頼ることがなくても、自然にすがり、随うことで、何代も生き続けてきています。ですから、人間も農作物も例外ではないはずだということです。

その具体的な農法とは、以下のようなものです。

●不耕起（耕さない）――人や機械の手によって土を耕すことはしません。健全な土壌では、植物の根や、微生物や、モグラやミミズなどの地中の動物が自然に耕してくれるのだから、人間は何もしない方がいいのだという考えです。

●無肥料（肥料を入れない）――土壌に肥料は入れません。本来の自然の土壌は動植物の生活循環が活発になればなるほど、肥沃《ひよく》化していくという考えです。自然のバランスのとれた山林では、人間が肥料などを入れなくとも年々植物は成長しています。

先にご紹介した有機農業では、人間の手を入れて、大地が本来持つ活力を取り戻すために有機肥料を入れますが、自然農法ではそれさえも必要がないと考えています。

●無農薬（農薬を使わない）――自然のバランスがとれていれば、農薬を使わなければならないような病気や害虫は発生しないと考えます。これは、異常は必ず人間に原因があるとし、土壌や植物が自然に還る手段をとれば必ず解決できる道があるという考えによります。

●無除草（雑草を抜かない）――草は生えるべくして生えているとして、雑草も自然の中では何かに役立っていると考え、無理に除草はしません。必要であれば雑草が生える前にクローバーなどの緑肥《りょくひ》を植え、雑草が生える隙間を与えないことで制御します。

このように、自然農法は哲学的でロマンがあるので、自然農法をやってみたいという若い農家は少なくありません。

## 宇宙の力を借りる――バイオダイナミック農法

バイオダイナミック農法とは、人智学の創始者ルドルフ・シュタイナーが、1924年に農民に対して行なった連続講義が発端となり、ヨーロッパを中心に広がった農法です。

この農法の特徴は、「天体エネルギー」の活用や、牛の角や水晶などを使った独特の「調合剤」の利用です。スピリチュアルな要素の濃い農法といえますが、基礎的な部分では、堆肥や緑肥を使った土づくりを行なったり、輪作によって病害虫を防いだりと、伝統的な有機農業がベースになっています。バイオダイナミック農法では、生命は太陽や月や太陽系内の各惑星や、12星座などのリズムやエネルギーに影響を受けていると考え、それによって日を「葉の日」「実の日」「根の日」「花の日」に分類し、それぞれの日が持つエネルギーに合わせて農作業を行います。そうすることで、植物にとって最適な栽培ができると考えられているのです。

例えば、ほうれん草の種まきは「葉の日」に、玉ねぎの収穫は「根の日」に、といった具合です。バイオダイナミック農法を実践する農家は、確かに日に合わせて作業をした方が、作物に良い影響が出るといいます。

また、大地が持っている力を調和することを目的として、500〜508と番号のふられた9種類の調合剤を使います。そのつくり方は独特で、生の牛糞や水晶を雌牛の角に詰めたり、カモミールを牛の腸に入れるなどした後、それぞれに指定された季節の間、大地に寝かせてつくられます。ただ、こうした材料が、日本ではBSEの問題もあり手に入りにくいため、それほど普及するにはいたっていません。

しかし、自然派化粧品のヴェレダではバイオダイナミック農法の精油を使っていたり、フランスの有機ワインの分野ではバイオダイナミック農法で育てられた葡萄《ぶどう》を使ったワインが「ビオディナミワイン」として販売されていたりと、少しずつですが日本でもこの農法で栽培された農産物を原料とした加工品が輸入されるようになっています。

## 持続可能な暮らしをデザインする――パーマカルチャー

パーマカルチャーとは、1970年代後半に、オーストラリアのビル・モリソンと、デビッド・ホームグレンによって提唱された「持続可能な環境をつくり出すための『農』を基本としたデザイン体系」のことをいいます。その体系には、農学、林学、建築学、生物学、畜産学などが含まれ、それぞれが分断されることなく有機的に繋がっています。

例えば、パーマカルチャーを家の仕組みや農業に取り込むと、このようになります。夏場は太陽の日差しが強くなるので、家の屋根はとても熱くなります。そしてその熱は家全体に広がり、クーラーをかけたくなるほどの暑さになってしまいます。そこで、パーマカルチャーでは、屋根の上に土を盛り、草や花などの植物を育てています。こうすると、草木や土が太陽の熱を吸収し分散してくれて、家の中には熱い空気が伝わりづらくなります。しかも、多年生の草木を植えれば、来年も再来年も芽吹いてくれますし、電気やガスといった資源も使わないので継続可能な仕組みとなります。

また、鶏は餌として虫や雑草を食べますが、この働きを利用した「チキントラクター」

という仕組みがあります。野菜を収穫した後の畑に、移動式の囲いをして鶏を放すと、囲いの中の雑草や虫を鶏が食べてくれるのです。鶏は喜んで餌を食べているだけですし、農家は除草の労働から解放されてお互いに嬉しいことばかりです。囲いには廃材を使えば、環境負荷もありません。

さらに、パーマカルチャーでは美観も重要視するため、農場では野菜とともに花が咲き乱れ、藁でつくった美しい曲線を持つ家や、草が生い茂る屋根など、言葉で表現できないほど、どれもが創造的な美しさを兼ね備えているのです。こうした美しさは、若い世代の農家に夢や希望を与えてくれます。

実際に、パーマカルチャーの盛んなニュージーランドやオーストラリアで、パーマカルチャーを実践した農場を見て「農的な暮らしってこんなに素敵なものだったのか」と開眼し、農家に転身をする人たちが多くいます。三章で紹介した、はぐくみ自然農園や自然農園レインボーファミリーも、パーマカルチャーとの出会いが農家になるきっかけだったと語っています。

パーマカルチャーは、持続可能な環境をつくるために「地球に対する配慮」「人に対する配慮」「余剰分の分配」という3つの倫理を基本理念としていますが、これが、彼ら若い農家の持つ環境に対する問題意識や、平和的思想にぴったりきます。

「地球に対する配慮」とは、言葉のとおり、地球（自然）に対するダメージをできる限り与えないようにするために、自然の恵みを最大限に活用できるように配慮しようとする考えです。例えば、いつでもきれいな水道水を使うのではなく、時と場合によっては雨水を利用して水道水の使用量を抑えます。

「人に対する配慮」とは、人間の行いはこの地球を破壊しうるほどの影響力を持っているからこそ、人は基本的欲求が満たされた状態であるべきだという考えです。ここでいう基本的欲求とは、物欲や地位、名誉のことではなく、安心して住み、眠り、愛のある生活を送ることをいいます。こうした基本的欲求が満たされていない状態で、環境や地球のことなどを考えるのは困難です。ですから、環境に対する配慮と同じく、自分自身が幸福であるように配慮するということも大切だと考えます。

そして、とても大切なのが最後の「余剰分の分配」です。余った時間やエネルギーなどを皆で分配し、持続可能な環境をつくるために使おうというものです。

私はこの考え方がとても好きで、新しい考え方だと思うのです。「余る」ということは新しいと思いませんか？　年収が3千万円あっても、5千万円あっても、どんど

ニュージーランドのパーマカルチャー実践農場「レインボーバレーファーム」。屋根の上に草が生え、森と一体となっているよう。

んものを買い続ければ余ることはありません。しかし、年収３００万円でも、物質的なことのみにとらわれず、心の満足を得ることで、余らせることはできるのです。日本で昔からいう「足るを知る」という考えに近いかもしれません。

# 自然の恵みを食べ手と分かち合う売り方

## こだわりの販売方法

自給自足的な農家たちは、できるだけ消費者に近い方法で野菜を売ることにこだわりますが、それには大きくふたつの理由があります。ひとつは農作物における精神性を大切にしているということと、もうひとつは農作物の表示規制によるものです。

まず、ひとつ目の精神性ですが、彼らは自分たちのつくった農作物のことを、単なる「商品」とは思っていません。彼らにとって、農作物とは自然からいただいた「大地の恵み」であり、手塩にかけた「わが子」でもあります。ですので、販売というよりは、自分のつくった農作物を欲しいといってくれるお客さんに「お分けする」というような感覚があるようです。

もうひとつが表示の規制です。自給自足的な農家たちの多くは、農薬や化学肥料を使わずに農作物をつくっていますが、彼らの野菜には「有機野菜」の表示がされていない場合が多いことをご存知でしょうか。

今、スーパーマーケットや自然食品店で見かける「有機野菜／オーガニック野菜」という表示は、有機ＪＡＳの認定を受けた農作物であるということを意味します。この認定を受けていない農作物に「有機野菜／オーガニック野菜」と表示することはできません。

有機ＪＡＳ認定をとるためには、2年以上前から禁止された農薬や化学肥料を使用していない田畑で、それらを使わずに栽培するなど、様々な規定をクリアする必要があります。

彼らの多くは、こうした基準を満たして、もしくはそれ以上に厳しい条件を課して野菜を育てているのに、認証をとっていません。それはなぜなのでしょう。

それは金銭的な問題と、作業の手間の問題です。有機ＪＡＳの認定を取得したり、毎年調査をうけるためには、費用がかかります。そして、野菜の栽培ごとに細かい栽培履歴をつけなければなりません。実際には、費用よりも栽培履歴が大きな障害になっています。彼らは、変化に富んだ野菜セットを販売するために、年間に１００種類前後の野菜をつくっています。しかも、切れ目なく野菜を収穫するために、何回にも分けて種まきをしたり、植え付けをします。認定をとるためには、こうした栽培の履歴をすべて記録していかなければなりません。単一作物を栽培している場合の認証に比べ、何百倍もの労力がかかってしまうのです。こうした理由から、やむなく認証をとらない農家が多いのです。

これまでは、その代わりに「無農薬野菜」と表示していましたが、２００３年に改正された特別栽培農産物に係る表示ガイドラインにより、それもできなくなってしまいました。このガイドラインでは、これまで「無農薬野菜」と呼ばれていた農薬を使わずに育てた農作物も、「減農薬野菜」と呼ばれていた農薬を減らして育てた農作物も、どちらもまとめて「特別栽培農産物」と呼ばなければなりません。生産の現場からすれば、農薬を一切使わない栽培と、半分に減らした栽培では、かかるリスクにも労力にも雲泥《うんでい》の差がありますが、現在は、こうした表示の規制から、彼らのような農法で農作物を育てる農家は、自分の農作物の価値を消費者に正しく理解してもらう表示をすることがとても難しくなっているのです。

ですから、彼らはできるだけ消費者と近い関係で農作物を販売します。近ければ近いほど、コミュニケーションがとれるので、表示の規制にとらわれず、真実を伝えることができるからです。

それでは、彼らが実際に行なっている、消費者に近い販売方法をご紹介します。

## 愛情も届ける個人宅配

農家の個人宅配とは、畑で採れた旬の野菜を数種類のセットにして、お客さんに直接お届けする販売方法です。お届けには宅配便を使うことが多いですが、お客さんの家が近隣の場合は、農家自身がトラックに乗せてお届けする場合もあります。

この販売方法の良さは、なんといっても、生産者と消費者の関係が近いことや、農家ごとの販売なので個々の農家の個性が出せること、定期的にお届けすることが多いのでお客さんとの継続的な関係づくりができることでしょう。

先ほどお話ししたように、彼らは、「有機野菜」といった表示はできませんが、野菜セットに同封するお手紙や農場通信を通して、自分たちがどのようにして野菜をつくっているのか、どんな肥料を使っているのか、といったことをお客さんに伝えることができます。こうしたコミュニケーションを継続していく中で、お客さんからも「いつもありがとう」「大変だけどがんばってね」といった声が届くようになり、単なるお客さんと農家という関係を超えた信頼関係が生まれていくのです。

採れたての野菜と愛情がいっぱい詰まった野菜セット

以前、やさい暮らしのお客さんがこんなことを言ってくれました。

「農家さんから直接届く野菜は、箱を開けた瞬間に『私たちの野菜をどうぞ食べてください』っていう農家さんの気持ちがすごく伝わってきて、すごく大切なものが送られてきた気がするんです。梱包《こんぽう》も愛情を感じるし、お手紙なんかも入っていて、おばあちゃんから野菜を送ってもらったような温かい気分になるんですよ。これまで利用していた野菜の宅配ではこうしたことは感じられませんでした」

実際に農家たちは、自分の育てた野菜を一つひとつ丁寧に新聞紙で包み、野菜が苦しくないように、傷《いた》まないように、と細心の注意を払って箱詰めします。そして、最後には「娘をよろしくお願いします」といわんばかりのお手紙や農場通信を添えるのです。こうした一つひとつの細かな配慮が、「おばあちゃんから送られてきたような」愛情をお客さんに伝えるのでしょう。やさい暮らしを運営していると、お客さんは野菜だけではなくて、農家さんのこうした愛情も含めて買ってくれているのではないかと思うことがあります。

食べるという行為は、生きることそのものです。ですから、本来、食べ物には「あなたは、生きている価値があります」という愛情やメッセージが込められているべきなのだと思います。

しかし、こうしたメッセージが込められた食べ物は本当に少ないように思えます。最近頻発している食品の偽装は、「あなたの命はその程度の価値しかないと思ったのでウソをつきました」というメッセージが込められているかのようで、悲しくなります。工場で大量につくられ、温めるだけの食事。プラスチックの箱に入れられ、店頭で販売される弁当。空腹を埋めることと、生きながらえるためだけの食事。こうした食事で心が満たされることはありません。「あなたの命がいとおしい、あなたは生きている価値がある」。そんなメッセージを受け取れないと、人は弱ってしまうのだと思います。

自分たちを愛《いつく》しみ、大地を愛しみ、作物を愛しみ、そしてお客さんを愛しむ農家の個人宅配には、言葉では表せない温かいメッセージが込められているのです。

## 農家の自己表現としての野菜

農家の個人宅配のふたつ目の良さは、農家の個性が１００％発揮できる点でしょう。一言に自給自足的な農家といっても、人の個性は様々なように個人宅配の個性も様々です。まず、野菜の味が違います。その理由は土づくりが違うからです。堆肥を使う人、使わない人。耕す人、耕さない人など。そして、環境も違います。温暖な気候にいる人、豪雪地帯にいる人などです。さらには、品種の選び方が違います。在来種・固定種にこだわる人、海外の珍しい品種をつくる人などです。これはごく一部ですが、こうした様々な選択の違いによって、野菜の味は大きく変わっていくのです。

そして、野菜を入れる段ボールの選び方も様々です。無駄なゴミを出さないように、スーパーマーケットなどから使い終わったダンボールをもらってきて再利用する人、再利用だけど有機バナナのダンボールに限定している人。ブランド化のために自分の農家名が印刷された新品のダンボールを用意する人などがいます。

そして、野菜の包み方にも個性が出ます。できる限りゴミを出したくない、石油資材を使いたくないから新聞紙で包むという農家や、ゴミになってしまうけれど野菜の保存状況を考えて野菜用のビニールに入れる人、中にはほとんど包まない人もいます。

このように個々の選択は様々で、しかもその選択の一つひとつが、それぞれの農家の理念の表れでもあります。資源をあまり使いたくない、できるだけありのままでいたい、おいしい野菜を届けたい——などなど、それぞれの農家のちゃんとした理由があり、意味のない選択はひとつもありません。

こうして、すべてが農家の自己表現となるので、お客さんのところに届いたときに「俺の野菜を食べてくれ」といった強いメッセージが伝わるのでしょう。

これが、農家が個人宅配という販売方法に惹かれる最大の魅力であり、モチベーションの源なのだと思います。

## 互いに信頼し、安全性を追求できる

農家の個人宅配には、直接のやりとりだからこそできる、もうひとつのメリットがあります。

私たち消費者が野菜を買うときに、一番大事にしたいことは何でしょう。人それぞれ違いはありますが、大きなポイントは、「安全であること」「おいしいこと」「手が出せる価格であること」ではないでしょうか。「大きさがそろうこと」や「日持ちすること」は、消費者ではなく流通サイドの要望です。しかし、現実に野菜が取り引きされる際には、こうした流通上の要望は無視できない基準となっています。市場での取り引きでは、キズや虫食いがないこと、大きさがそろっていること、扱いやすい品種であることはとても重要です。

例えば、昔はよく見かけた四葉きゅうりは、シャキシャキとした食感が人気でしたが、皮が薄く日持ちしない上、きゅうりの吹く粉が農薬のように見えて警戒されるという扱いづらさから、一時期は、店頭で見かけることが少なくなってしまいました。しかし、農家と消費者とが直《じか》に繋がれる場合は、お互いにコミュニケーションがとれるので、流通上の「都合」に振り回される必要がありません。農家が届けるときに「この粉は農薬じゃないですからね」と説明し、「日持ちはしないけれど、こっちの方がおいしいから食べてください」とお勧めすることができれば、形や流通業者の顔色をうかがうことなく「うまいきゅうり」をお届けすることができるのです。直接届けない宅配であっても、そうした説明を書いた手紙を添えることができます。実は、これが大きいのです。

農家が集中したい本質的なことは、安心して食べられる野菜をつくること、それをお客さんにおいしいと喜んでいただくこと、これだけです。そして、食べ手である私たちがほしい野菜も、そういう野菜ではないでしょうか。それ以外のことは、本来は二の次でよいのです。

また、価格についても同じことがいえます。農薬を使わずに露地で野菜を育てた場合、キズも虫食いもない野菜をつくることはとても困難です。とくに南の暖かい地域で、虫食いのない野菜をつくることは、不可能といってもいいでしょう。このような状況で、もし「虫食いのある野菜は買わないよ」と言われてしまったら、販売できる野菜が激減、または、なくなってしまい、農家の収入も激減してしまいます。しかし、実際に調理する場合は、切ったりつぶしたりするのですから、たいていのキズや虫食いは気になりません。農家も、多少のキズや虫食いがある野菜に対して理解してもらえれば助かります。ところが、普通の流通ではこれができないから、農家も農薬を使わざるを得ないのです。安全でない野菜をつくりたい農家なんてどこにもいません。でも、そうしなければ売れないから使うのです。

虫は自然の中に存在し、彼らなりに一所懸命生きています。畑は私たち人間のものだけではないのですから、虫に少しぐらい食べさせてあげたって罰は当たりません。「そりゃ、お腹もすくわよね」と余裕で彼らを迎え入れることができたら、農薬を使う必要がなく、私たちも安全な野菜を食べることができます。「お前たちには、一口たりとも食わせてやるもんか、殺してやる」となれば、私たちも農薬がかかった野菜を食べざるを得ません。

しかし、通常お客さんは、そうした畑の状況は見ることができないので、虫食いがある方がいいか、ない方がいいかと言われれば、きれいな方がいいのは当たり前です。これも、農家と消費者のコミュニケーションがあれば、簡単に解決できる問題です。「畑にはこうした虫がいて、できるだけ手でとったり、網をかぶせたりして虫が食わないように努力をしていますが、お客さんの健康のために薬をまきたくないので、多少の虫食いは理解してください」と言われれば、「それは大変ですね」と思うはず。よほどの虫ぎらいの方でなければ「健康はいいから、農薬をまいて虫を殺してください」とは言わないでしょう。

このようにコミュニケーションがとれて、お互いを信頼して思いやれる関係があれば、双方にとって本当に大切なことに集中することができるのです。

農家の個人宅配では、そんな関係が築けているからこそお届けできる、いわば裏メニュー的な野菜もあります。通常、野菜は青々としていて、瑞々《みずみず》しいものがおいしいとされています。確かにそうした野菜もおいしいのですが、冬場に何度も霜《しも》にあたり、厳しい寒さを乗り越えたキャベツや白菜は、成熟していて甘みがのり、青々とした時期にはない格別のおいしさがあります。それはまわりが黄色くなり、茶色く枯れかかったようになってしまうので、見た目が悪く、流通に出すことは決してできません。しかし、個人宅配では「これが一番うまい時期です」というメッセージを添えたり、直接話をすることができるので、流通の基準にとらわれず本当においしいものをお届けできるのです。野菜は外見ではなく、味や安全性が大切。それを理解してくださるお客さんに野菜をお届けできるということは、農家にとってこの上ない喜びなのです。

## 無理をしない野菜づくりが本来の姿

しかし農家の個人宅配も、良いことばかりではありません。例えば、流通業者から購入する野菜セットは、年間を通して購入できますし、品質も種類も安定しています。一方、農家の個人宅配は、冬場は収穫量が減るため、数件の注文にしか答えられないこともありますし、販売を中止してしまうことさえもあります。

これにはこのような理由があります。流通業者が野菜セットを販売する場合は、全国各地の複数の農家から野菜を仕入れます。ですから、年間を通して、安定した量を仕入れることができますし、仕入れを増やすことで、注文数を増やすこともできるのです。

一方、農家の個人宅配は、基本的に自分の畑で採れたものだけでセットをつくるので、畑で収穫できる野菜が8～10種類ある状態を保たなくてはなりません。二章でお話ししましたが、天候次第で生育状況が大きく変動する農作物ではこうしたことがとても難しいのです。

特に、毎年2～4月頃は、端境期《はざかいき》といって出荷する野菜がなくなります。野菜はたいてい2～3ヵ月で育つので、2～4月に収穫する野菜は、12～2月頃に種まきをする必要がありますが、この時期は寒すぎて、種まきができないのです。ですから、その時期に種まきをしていたら、収穫できたであろう2～4月は野菜が採れないのです。当然、個人宅配もお休みになり、「お客さんはいるけど、売るものがない」状態になってしまいます。

しかし、自給自足的な農家たちはこうした状況をいともあっさり受け入れて、ひょうひょうとしているのです。顧客の囲い込みのためにポイントサービスをしたり、競合店のお客さんを引き入れるために1円でも安くと、安売り合戦をしている小売店を日々目の当たりにしている都会の感覚では、なかなか理解できません。

しかし彼らには、「できないときには無理してつくらない」といった野菜づくりのポリシーがあり、それが野菜にとっても、人間にとっても、一番自然なことなのでしょう。

考えてみれば、私たちの先祖は、野菜の採れない寒い冬を乗り越えるために、漬物をつくったり、地中に野菜を埋めて保存したり、干してみたりと、様々な知恵をつけて生きながらえてきました。そして、春がきて芽を出した山菜たちを、ありがたくいただいてきたのです。野菜ができないときには、できないなりに工夫し、喜びを見出してきたのでしょう。なんと風情のある食生活でしょう。いつでも、なんでも食べられる現代よりも、ずっと文化的な生活に見えます。

私たちは、不便なことが嫌なのではなく、失うことが怖いのです。失うことを恐れて、便利にすることもいいですが、失う覚悟をしてしまえば、ずっと楽になれるのかもしれません。

## ファーマーズ・マーケットで野菜をお客さんに手渡し

朝市やファーマーズ・マーケットに行かれたことはありますか。最近は地方に限らず、東京などの都会でもいくつもの朝市が開催されるようになりました。いろいろな朝市があるようですが、私が実行委員を務めている「東京朝市・アースデーマーケット」は、ヨーロッパのマルシェのようなおしゃれな朝市をイメージし、若い人たちにも楽しんでもらえるようにしています。出店する農家も若い人が多く、お客さんたちは友達に会いに行くような気軽な感覚で、農家に会いに来ているようです。

もちろん楽しみにしているのは、お客さんだけではありません。毎日畑に向かって黙々と野菜をつくっている農家さんたちにとって、お客さんに会えるファーマーズ・マーケットはまさに「ハレ」の日。お客さん以上に胸躍るイベントのようです。軽トラックにあふれんばかりの朝採り野菜を載せて、晴れやかな笑顔で農村からはるばるやってきます。

ブースは農家自らがディスプレイするのですが、鶏を連れてきたり、お手製の看板

ヨーロッパのマルシェをイメージした「東京朝市・アースデーマーケット」。農家さんとお客さんとの交流が楽しい。

をつくってきたりと、お店づくりにも余念がありません。個性豊かな、手づくりの八百屋が立ち並ぶ様子は、見ているだけでも楽しくなります。

先ほどもお話ししましたが、自給自足的な農家たちの大半が有機ＪＡＳの認証をとっていないので、有機野菜・オーガニック野菜とは表示できず、野菜の価値をお客さんに表現することが難しくなっています。でも、こうして対面販売するのであれば、表示の壁を意識することもありません。「これって、有機野菜ですか」と聞かれても、「認定はとってないけど、農薬や化学肥料は一切使ってないですよ」と答えることができますし、農場の写真を見せ、育て方を説明することもできます。お客さんたちも、野菜をつくった本人と話をしながら買えるので、とても安心できると喜んでくれています。

こんなことを言っている農家もいました。

「毎日畑に向かって仕事をしていると、本当にこれでいいのか不安になるときがあるんです。でも、たまにお客様に会って、喜んでくれている笑顔を見ると、僕はこれでいいんだって確信することができるんです」

自分で選んだ生き方でも、たまには不安にもなります。だから、こうしてたまにお客さんに会って、自分が育てた野菜を食べて喜んでいる人がいるということを確信することも必要なのです。

## オーガニック・レストランで生まれ変わる泥つき野菜

本の最初にお話ししたように、最近は産地直送の野菜を扱うレストランも増え、「〇〇農家のオーガニックサラダ」といった具合に、メニュー名に農家の名前を見かけることも増えました。こうしたこだわりを持つレストランでは、シェフ自らがおいしい野菜を求めて産地を訪れた経験があったり、農産物の勉強をしていたりするので、農薬を使わずに野菜を育てる大変さや、露地栽培の野菜の収穫時期が不安定であることに理解を示してくれることが多いのです。ですから、自給自足的な農家たちにも、レストランに野菜を販売する人が少なくありません。直接お客さんに野菜をお届けするわけではありませんが、信頼できるシェフに自分の野菜をゆだねるわけです。いわば、農家と料理人とのコラボレーションです。

以前、自然農園レインボーファミリーの笠原さんと一緒に東京農業大学のセミナーを聞きに行った帰りのことです。「下北沢にうちの野菜を扱っている店があるからちょっと挨拶に寄っていかない？」と言われて「スロウダイニング　TIBET TIBET」というお店に連れて行ってもらったことがありました。その店では、レインボーファミリーの野菜や卵を扱っており、メニューには「究極の卵かけご飯」というレインボーファミリーの卵を使ったスペシャルメニューまでもがありました。下北沢のしゃれたお店で、自分のつくった野菜や卵を食べる笠原さんの横顔が、なんとも誇らしげに見えました。

また、神楽坂のレストラン「s.l.o」では、昨年より「やさい暮らし」で紹介している何軒かの農家の野菜を使っています。レストランではつくる料理を先に決めて、それに合った野菜を指定できた方が都合がいいはずなのですが、こちらの槻山シェフは小規模農家を応援したいということで、何の野菜が入っているかわからない農家の野菜セットをそのまま受け取ってくれ、午前中に届く野菜を見てから、野菜と会話し、その日のメニューを創作しているのです。よく野菜を使ってもらっているもくもく耕舎の真由子さんに、ワインが何百本と並ぶ高級そうなお店の写真を見せると、「どうしましょう、ちゃんとしたお店ですね、こんな田舎の野菜でいいんでしょうか」と戸惑いながらも、喜んでいました。

このように、田舎の農村でつくられた泥つきの野菜が、シェフの力を借りて、美しくておいしい料理に生まれ変わり、都会の真ん中で提供される。これも野菜や農家の可能性を広げるとても素敵なことなのでしょう。

# 第五章

# あなたにも始められる、畑のある生活

これまで、自給自足的な農家たちはなぜ農家になったのか、そして今どのように暮らしているのか、そして、彼らを支える新しい価値観をご紹介しました。この本で紹介した農家は、誰もが個性的で魅力的な生き方をしていますが、つい数年前までは、皆さんと同じように、会社に行って働いていたり、自分探しをしていた方たちです。ですから、きっとだれもが自分のやりたいように自分の人生を切り開く力を秘めているのだと思います。

この章では、この本を通して農家や農的なライフスタイルに興味を持ってくださった読者の皆さんが、自分に心地のよい無理のない方法で、それらを取り入れていける方法を紹介します。

巻末に、それぞれの具体的な連絡先リストがありますので、そちらも参考にしながら、自分に合うと思った方法で、最初の一歩を歩み出してみてください。

LEVEL1

# 自給自足的な農家の野菜を食べる

自給自足的な農家の世界に触れる入口として、誰にでも始めやすく、しかも、とても重要なこと。それは、まず彼らの野菜を食べてみることです。今まで食べていた野菜とは何かが違うと思うかもしれませんし、意外と一緒じゃないかと思うかもしれません。自分の舌と心で確かめてみてはいかがでしょう。

「野菜を食べるだけなんて、ただの消費活動じゃないか」なんて思わないでください。農業は農家ひとりでは成り立ちません。野菜を買って食べてくれるお客さんがいて初めて成り立つのです。彼らの野菜を食べることは、とても大切な農業参加の形なのです。

## 農家から野菜を取り寄せる

自給自足的な農家の野菜を直接取り寄せてみましょう。私の運営している「やさい暮らし」でも取り寄せることができますし、インターネットの検索サイトを使って「農家産直」と検索すれば、たくさんの農家の宅配情報が得られます。有機農法、自然農法などの農法で選んでもいいですし、地産地消を目指して自分の家の近くの農家を探してもいいでしょう。四章でお伝えしたように、野菜の味も、理念も、梱包《こんぽう》の方法も様々ですので、いろいろな農家さんの野菜を試してみながら、自分にぴったりの農家さんを見つけてください。

一般的には1回ごとに注文して買う方法と、1週間に1回または、隔週に1回などの定期便で買うパターンがありますので、ご自分のライフスタイルに合わせて無理のない方法で始めるとよいでしょう。

色々な農家さんから買うのもよいですが、ひとりの農家さんのところで続けて買うと、四季に応じて野菜やその収穫量がどのように変化していくのか、旬は何なのかを比較しやすいので、都会ではわからない様々な発見があります。

野菜の内容が選べなかったり、発送曜日が決まっていたりと、宅配会社から買う場合に比べて不便なこともありますが、それはそれと楽しんでしまえば、これほど安全なやりとりはありません。

最近欧米では農家産直の進化形として、CSA（Community Supported Agriculture）というものも普及しつつあります。これは、直訳通り、コミュニティで農業を支える取り組みです。様々なやり方がありますが、一番ポピュラーな方法は、お客さんが農家のサポーターとなって1年分の野菜の代金を前払いし、農家はサポーターに対し、定期的に収穫した野菜をお届けするという仕組みです。このように、1年という長い単位でお客さんと付き合い、状況を理解してもらうことができればできるほど、農家は本来の目的である、「安全な食糧をつくること」により集中して、安全な野菜づくりに取り組めるのです。

### 自然食品店で買う

もっと気軽に農家の野菜を食べてみたいという方は、自然食品店で野菜を購入してみてはいかがでしょう。実際に野菜を見て選べますし、ひと袋からでも買えるところが便利です。

「千葉の佐藤さんが、農薬を使わずに育てた玉ねぎ」といったような詳細な情報が提示されていたり、野菜に対する知識の豊富な店員に、どのような野菜を選べばいいか教えてもらうこともできるでしょう。そうしたコミュニケーションが野菜を買う楽しみを倍増してくれます。

また、都市での生活においては、こうしたお店が提供しているお惣菜やお弁当も魅力的です。体に良いものを食べたいと思っても、毎日家でごはんがつくれるとは限りません。そんなときに、ちょっと手抜きをしながら安全なものが食べられる、自然食品店のお惣菜やお弁当は重宝します。

一言に「自然食品店」といっても、実は様々なタイプが存在します。何十年も前から開いている老舗店、本や服など生活用品全体を扱うお店、また、大規模に全国展開を行うチェーン店などなど。それぞれのお店の理念によって、扱う野菜のセレクトも異なります。どのお店のどのセレクトが、自分の考え方やライフスタイルに合っているかは、実際にお店に行き、取り扱っている商品を見たり、店員さんと話してみたりするとわかるでしょう。色々なお店を探検してみましょう。

## ファーマーズ・マーケットで買う

自給自足的な農家という新しいタイプの農家が誕生したように、「朝市」にも新しいタイプが生まれています。新しいタイプの朝市では野菜や米だけでなく、安全な食材でつくられたお菓子、弁当やパン、フェアトレードの雑貨など、様々な品が並べられ、ヨーロッパの朝市のようなおしゃれで開放感にあふれた楽しさがあります。

中には、スチール製のテントの代わりに手づくりの竹のテントを使ったり、現金以外にも、限られた地域のみで使える「地域通貨」を使えたりと、ファーマーズ・マーケットの運営全般に持続可能(サスティナブル)な要素を取り入れたところもあります。

野菜は農家さん自らが自分の畑で収穫したものを販売するので、農家さんに直接「どんなふうに育てているのですか」と質問したり、「普段どうやって食べているのですか」と調理法を聞いたりと、親しくコミュニケーションをとれるという楽しみがあります。

休みの日、散歩がてら出かけてみてはいかがでしょう。環境に配慮して、買い物袋を有料化しているところもあるので、マイバッグを持参することをお勧めします。

## オーガニック・レストランで食べる

忙しくて家で料理する時間がなかなかつくれないという方は、有機野菜など環境に配慮した農法でつくった食材を使ったレストラン（オーガニック・レストラン）に行ってみてはいかがでしょう。ランチを食べる店や、会社帰りに友達と飲みに行く店を変えてみるだけで、新しい発見があるかもしれません。

オーガニック・レストランも今では様々な種類があり、野菜の仕入れ方法や、食材に対する考え方、調理法も異なります。野菜以外に肉も魚も出すというお店から、肉や魚を出さないベジタリアンの店、さらに卵も乳製品も動物性のものは一切使わないビーガンの店、ホールフードといって葉っぱから根っこまで野菜を丸ごと食べることにこだわる店、などなど。実に様々ですので、色々なタイプのお店をはしごして、自分の感覚で、「ここが一番しっくりくる」という料理を見つけてみましょう。

LEVEL2
## カジュアルに大地に触れる

とにかく一度畑を見てみたい、触れてみたい。そう思ったら、即行動することをお勧めします。私も、好奇心に任せて農村を訪れたことが、今の仕事を始める大きなきっかけになりました。百聞は一見にしかず。実際に自然とともに生き、野菜づくりを行う農家さんからは、学校や本からは学べない「生の声」を聞くことができるでしょう。どの農家でも人手は足りないので、まじめな気持ちで訪問すればきっと歓迎してもらえるはずです。

実際に行う農作業は、草取りからハウス立てまで様々ですので、農家さんにどの程度の農作業だったら手伝うことができるのか伝えてみてください。それぞれの経験に合わせた仕事を用意してくれるでしょう。

## WWOOF

「Willing Workers On Organic Farms」（有機農家で働きたい人たち）の略で、WWOOF。「ウーフ」と読みます。農薬や化学肥料を使わない農法で作物をつくる農家で働きたい人が働き手として会員登録し、受け入れ先として登録している農家の中から希望の農家を選んで、畑仕事を手伝いに行くという仕組みです。この仕組みは1971年にイギリスで開始され、その後オーストラリア、ニュージーランドで発展し、現在は20ヵ国以上で運営されています。登録時に5500円（日本の場合）の年間登録費用がかかりますが、それ以外に働き手と農家との間にお金のやりとりはなく、働き手は農家に労働力を提供する代わりに農業を教えてもらい、受け入れ農家は労働力を提供してもらう代わりに農業の知識や食事などを提供するというシステムです。

はぐくみ自然農園の横田さんや自然農園レインボーファミリーの笠原さんはニュージーランドのウーフを活用してパーマカルチャーを学びましたし、もくもく耕舎の真由子さんは日本のウーフを活用して有機農業を学んだそうです。

## ボラバイト

もっと気軽にバイト感覚で農業に触れてみたいという方には、「ボラバイト」をお勧めします。「ボランティア」と「アルバイト」という言葉から生まれたボラバイトは、それらのちょうど中間のようなサービスで、ボラバイト先によって異なりますが、平均して日給4千円程度のバイト料がもらえます。期間は1週間ぐらいのものから、数ヵ月間におよぶものまで様々です。仕組みはウーフと似ていますが、会員登録も登録費用も必要なく、ホームページで案内されているボラバイト情報を見て、申し込みをします。

このサービスは、全国の学生や社会人が経験したことがない仕事を経験することや、地方の人たちと触れ合うことを目的としているので、ボラバイト先は農業に限らず、宿泊施設や、キャンプ場なども含まれています。

ホームページには体験記なども掲載されているので、参考にするとよいでしょう。

## 農家民宿で農家体験

農作業を手伝いに行くほど体力に自信はないけれど、農的な気分を味わってみたい。そんな方は、農家民宿を利用してみてはいかがでしょう。宿泊客として農家に滞在できるので、農作業に追われることなく、ゆったりと農家気分を味わえます。

築何百年という古民家に泊まって、温泉につかりながら、採れたての野菜を使ったおいしいごはんをいただくことができます。そのほかにも、農作業体験や、田植え体験、ブルーベリーの食べ放題、どぶろくづくり、天文台に登って星空を見るツアーなど、都会ではなかなかできない様々な体験をさせてくれます。

最初はこうしたところで予行練習をしてから、ウーフや、ボラバイトへと、難易度を上げていくと、無理がなくていいかもしれません。

こうした民宿の家主には、都市での生活を経験した方もいるので、農業に憧れる都会の人の気持ちをきっとわかってくれるでしょう。

## 農業系イベントに参加する

ひとりでウーフに行くほどではないけれど、農家さんの話を聞き、農業のことを知ってみたいという方は、農業関係のイベントに参加してみてもいいかもしれません。

農業系のイベントというと、地味で敷居の高い印象があるかもしれませんが、最近では、若い人たちが主催者となり、カフェにでも遊びに行くような感覚で、気軽に遊びに行けるようなイベントが増えています。オーガニック・レストランや自然食品店でも、産地ツアーや味噌づくり体験イベントなど、農業のことはあまり知らないという方でも楽しめるようなプログラムが組まれているので、気負うことなく、気軽な感覚で農に触れることができます。

こうしたイベント情報は、自然食品店にチラシが置いてあったり、農業関係者や環境関係者の団体が主宰しているメーリングリストや、インターネット上のコミュニティに案内が投稿されることが多いので、こうしたコミュニティに参加してみてもよいでしょう。

## LEVEL3
# 地球を学ぶ

自給自足的な農家たちを支えている持続可能なライフスタイルに興味が湧いたという方もいらっしゃると思います。これまで、そうしたことについては学ぶことはなかったかもしれません。しかし、この限りある地球で今後もずっと生きていくためには、とても大切な学びです。

最近では、様々な学校や塾が開かれており、年間を通して行われるもの以外に、単発で参加できるものもあるので、興味本位でのぞいてみてはいかがでしょう。

### パーマカルチャー・センター・ジャパン（PCCJ）

神奈川県藤野町で、1年かけてじっくりパーマカルチャーの勉強ができます。コースは実技が中心の実践コースと、座学が中心のデザインコースがあり、両コースとも、毎月1回、1泊2日で泊りがけの講義が10回。デザインコースでは、エネルギー循環、建築、植物や動物、庭や菜園のデザインについてなど、様々な視点からパーマカルチャーが学べます。

実践コースでは、昔ながらの方法で稲作を行なったり、コンポスト・トイレを作ったり、天然酵母のパンを焼いたりと、無駄な資源を使わずに生活していく様々なノウハウを学ぶことができます。実は私もここの卒業生です。授業もさることながら、毎月1回、環境や食、文化についてまじめに語り合える仲間に会う場所があるということも、非常に楽しみなことでした。

この講座を経て、新たに農業を始めた人、ウーフをするためにニュージーランドに渡った人など、人生のターニングポイントを迎えた友達が何人かいました。あなたの人生も変わってしまうかもしれません。

## 安曇野パーマカルチャー塾

長野県でも、パーマカルチャーの勉強をすることができます。先にご紹介したパーマカルチャー・センター・ジャパンと兄弟関係にあり、こちらでは実践コースのみ受講できます。会場となるシャロムヒュッテというペンションは、オーナーの臼井さんが自らの手で建てたもので、そのほかにもツリーハウス、コンポスト・トイレ、風力発電、石窯《いしがま》、また自然農の畑など、実践例がたくさんあります。こちらのペンションでは、パーマカルチャー以外にも、ヨガやマクロビオティック料理の講座もありますし、通常のペンション、自然食レストランとしても運営しているので、宿泊、食事のみで利用することも可能です。

LEVEL4

## 都会でプチ農家になる

「自分で野菜を育ててみたい」と思われている方も多いのではないでしょうか。農家になるのは大変ですが、自分の食べる野菜を少しつくるくらいなら、多少の不出来も楽しみのうちですから、誰にでも簡単にチャレンジできます。自分自身の手で農薬を使わずに野菜を栽培すれば、安全ですし、何より野菜を育てる楽しみを実感できることも大きな収穫です。野菜の成長を観察していると、季節の移り変わりや、害虫や益虫の動きに敏感になるので、環境に対する考え方もぐっと深まることでしょう。

## ベランダガーデンを始める

マンション暮らしで庭がない。そんな方でもベランダを活用して家庭菜園を楽しんでいる人はたくさんいます。パセリやミントなどのハーブ類は強いので、初心者でも失敗することなく育てられますし、小松菜や春菊などもプランターで比較的簡単に育てられます。上級者は、深めのプランターを使うか、プランターの代わりに土嚢《どのう》袋を使えば、大根やじゃがいもといった根菜まで栽培することができるので、ベランダ菜園といってもあなどれません。

また、家庭で出る生ゴミを、生ゴミ堆肥《たいひ》として利用すれば、小さな循環型農園が実践できます。生ゴミ処理には何万円もする電動式の高価なものもありますが、使い終わった段ボールや、1枚10円程度で手に入る土嚢袋を使い、お金をかけずに実践する方法もあります。詳しくは、門田幸代『「生ゴミ堆肥」ですてきに土づくり』（主婦と生活社、２００６年）や、『家庭でつくる生ごみ堆肥』（農山漁村文化協会、１９９９年）をご参照ください。

## 市民農園を借りる

もう少し本格的に野菜づくりを実践したい方には、市民農園がお勧めです。ベランダ菜園に比べ、広いスペースを確保できるので、うまく栽培すれば半自給生活も夢ではありません。土づくりの楽しさや、大地の力強さも実感できます。

中には初心者で野菜のつくり方がわからない人向けの農家の指導つき農園や、ちょっとした別荘気分で使える滞在型の農園など、様々なタイプの農園があるので、自分のスキルや目的に合わせて農園を選ぶこともできます。

しかし、最近は大変人気があるので、空きが無く、抽選に当たらないと借りられないという場合が多いようです。希望の農園の空き状況や、募集時期などを事前にチェックしておくといいでしょう。

●畑のみを借りる日帰り型市民農園

一般的な、畑のみを借りる市民農園です。農園によって異なりますが、広さは40㎡ほどで、年間の利用料金は3千〜1万円以内と比較的リーズナブルなところが多いようです。農林水産省ホームページに、全国市民農園リストが掲載されていますので、ご自分の地域内で借りられる畑を探すことができます。

●畑と家を借りられる滞在型市民農園（クラインガルテン）

100㎡前後の広い農園と、ラウベと呼ばれる簡易宿泊施設がセットになって借りられる滞在型市民農園も人気があります。施設によって異なりますが、年間利用料は30〜50万円前後が多いようです。共同の資材置き場など農作業に必要な施設が調《ととの》っているのはもちろんのこと、滞在者たちが集まって地元の人と交流する収穫祭があるなど、農作業以外にも楽しめる要素が多くあります。しかし、大変な人気で定員を超える応募があり、現在は空き待ちの状態のところも多いようです。こちらも、農林水産省のホームページに一覧があり、滞在可能な施設を探すことができます。

LEVEL5

# 思い切って自給自足的な農家になる

ここまで本を読んでくださった方の中には、本気で「農家になってみたい」という気分になってしまった方もいるかもしれません。なぜ、「なってしまった」という言葉を使ったのかというと、農家はたしかに魅力的な生き方ではありますが、なまやさしい道ではないからです。これまで様々な農家さんの話を聞いてきましたが、「農家って楽な仕事だなあ」と思ったことはただの一度もありませんでした。「なんて大変な仕事なんだろう」と思うことの方が多いです。それを乗り越える覚悟をもって、挑戦してください。

そして、もし本気で農業を目指すならば、自分一人では判断せず、家族の理解を得ることも重要です。なぜなら、農家になった後に親や兄弟の協力が必要になることが少なくないからです。自給自足的な農家たちのほとんどが、最初の個人宅配のお客さんはご両親の口コミだったといいますし、定年後のお父様に農作業を手伝ってもらっている方もいます。そして、パートナーの協力も欠かせません。パートナーに農産物の加工品づくりなどを手伝ってもらえれば、販売の内容を広げることもできます。ですから、親にも、兄弟にも、もちろん自分のパートナーにも、できるかぎり理解してもらい、協力を得られるようにしておきましょう。

もしご両親が反対したとしても、子供に苦労をさせたくないと思う親の気持ちを察してあげてください。以前、こんなことをおっしゃった農家さんがいました。「息子には農家を継いでくれとは言えないよ。農家がどれだけ大変な仕事か、わかっているからね」。農家でさえも、自分の子供が農家になることを素直に喜べないほど、現実は厳しいのです。

なぜこんな話をするかというと、農業の世界に入る方には大きく分けると2通りの方がいるからです。ひとつは厳しい現実を踏まえてそれでも農家になりたいと目指す方、そして、もうひとつは現実から逃れるために農業に夢を描いて入ってくる方です。前者であれば、ぜひ頑張って農家になっていただきたいのですが、もし後者であるならば、乗り越える壁があまりにも多すぎます。ですから、それでも「どうしても農家になりたい」という固い信念のある方のみ実行に移してください。

「それでも、僕（私）は農家になるんだ」という方たちのために、自給自足的な農家たちがどういう道筋で農家になったのかを簡単にお伝えしたいと思います。しかし、この本は就農するための指南本ではありませんので、本気で農家になりたいと思う方は、巻末リストで紹介する専門機関に相談したり、ウーフなどを利用して農家研修をするなど、さらに情報を収集してください。

## 1：どんな農家になりたいのかイメージを固める

まずは、情報を収集して自分がどのような農業をしたいのかイメージしましょう。

- どのような農法で栽培したいのか
- どんな野菜をつくりたいのか
- どのくらいの品種をつくりたいのか
- どんな販売方法を選ぶのか

●どのような規模で運営したいのか
●どのような場所で就農したいのか

一言で「農家」といっても、様々なスタイルがあります。栽培方法も栽培する種類も異なりますし、同じ農作物でも、露地栽培か施設栽培かで大きく内容は異なります。もし、イメージがつかないという場合は、先にご紹介したウーフやボラバイトなどを活用して、様々な農家を訪ね、実際に働きながら自分に合った農家のスタイルを肌で感じていくといいと思います。三章でご紹介したもくもく耕舎さんは、様々な農家で研修した結果、今のような農家のスタイルが自分に合っているとわかったそうです。新規就農希望者向けのイベントでは、相談窓口などがありますので、そちらに出向いて情報を集めてもいいでしょう。

## 2：農家になるための技術を身につける

農業は、職人仕事です。野菜やお米を栽培する農業技術を身につけるために、農家に住み込みで研修したり、就農準備校に通ったりします。ここでのポイントは、自分が就農したい環境に近いところで研修することです。野菜の栽培方法は気候によって異なりますから、就農する環境と研修の環境が近ければ近いほど、研修で身についた技術をすぐに活用することができます。

### ●有機農家で研修する

将来自分がやりたい農法や販売方法を実践する農家に住み込んで、研修生として働きながら、農業技術を身につける人が多いようです。農家で研修をするメリットは、日々の農作業を年間通して体験できるので、農作業だけではなく、販売方法や、加工品の作り方、生活スタイルなど、農家をまるごと知ることができることです。

研修の条件は農家によって様々で、研修中のお給料が出るところもあれば、出ないところもあります。また、雰囲気も様々で、研修生を家族のように扱うアットホームな農家もあれば、師弟関係の厳しいスパルタ的なところもあります。厳しいところではついていけなくなる人もいるようなので、事前に自分に合った研修先かをよく調べた方がよいでしょう。受け入れる農家にも迷惑をかけないように、辛くても、やりぬくだけの覚悟を決めてから門をたたきましょう。

●就農準備校に通う

その他には、就農準備校で農業を学ぶ方法もあります。土日や夜間、または夏休みに開催されるので、仕事を続けながら就農準備を始めることが可能です。ただし、短期間の講座が主なので、本気で農家になりたいと思っている方は、農家で研修を受けたり、農業大学校へ入学するなど、1年間は通して学ぶことが望ましいと思います。

## 3：畑と家を借りて独立する

1～2年の勉強期間を経てある程度の技術が身についたら、畑と家を借りて農家として独立します。これが、農家になるための最初にして最大の難関のようです。

農地の利用については、農地法での規定があり、実際に借りる際にはその市町の「農業委員会」の許可が必要になります。しかし、問題はそうした法律ではなく、貸してくれる人を見つけること。これが難しいのです。

古くから農業を営む方たちにとって「農地」や「家」というのはご先祖様からの預かりものであり、特別な意味を持っています。ですから、自分の代で「ご先祖様に顔向けできない」ようなことにしてはならないという責任感が強くあります。ですので、農家の高齢化に伴い遊休農地は増えているのですが、見ず知らずの若者に簡単に農地を貸すということはありません。

そこで、大切なのが「信用」です。もちろん、新規就農者がいきなり信用してもらえるわけもありませんから、「信用できる人」に間を取り持ってもらうことが大切です。一般的には、市や村の農業担当の職員の方や、研修先の農場長などが間に立ち、大家さんと交渉してくれることが多いようです。

またその際に、有機農法や自然農法などの農法についてもあらかじめ理解のある大家さんから借りる方がよいでしょう。特に自然農法の畑は草がボウボウに生え、まるで荒れ地のように見えるので、理解のある大家さんでないと後で問題になるかもしれません。

### 4：農機具や資材をそろえる

新規就農をする際には、何百万、何千万という資金を用意して農機具一式を買わなければならないという話も聞きますが、小規模農園の場合、必ずしも最初から高価な機械が必要というわけではありません。

最低限必要なものを最初にそろえ、収入に応じて買い足していけばよいそうです。運がよければ、研修先でいらなくなったものをもらったり、知り合いから譲ってもらうようなこともできるそうです。しかも、最近の農家は、ネットオークションで中古の農機具を買うという人もいて、安く農機具をそろえる方法は広がっているようです。農機具に入るかはわかりませんが、軽トラックは最低限必要と思ってよいでしょう。その他には、野菜づくりなら管理機、草刈り機。お米づくりも行うなら、田植機、コンバインはあった方がよいでしょう。施設としては、苗をつくるためにビニールハウスを1棟は持っていてもいいと思います。鍬《くわ》や、鎌《かま》、スコップなどの農具や、背の高い野菜を支える支柱や、防虫対策に不織布《ふしょくふ》、防寒対策に寒冷紗などもあると便利ですが、どれもさほど高くはありません。

農家さんに言わせれば、「お金があれば買えばいいし、なければ使わないでできる方法でやればよい」そうです。研修に行って実地訓練を受ければ、自分には何が必要かもわかるので、どういった農機具をそろえるかを悩むのは、まだまだ先で大丈夫です。

## 5：栽培する

農家での研修などで、ある程度のノウハウを身につけてから独立する場合が多いので、最初からまったく作物が採れないということはないようです。しかし、納得のいくおいしい野菜を作り、年間を通して野菜が途切れないようなサイクルを生み出すには何年もの経験が必要です。これらは、借りた畑のコンディションや、風土にもよるようですので、どのような場所でどのような畑を借りるかは、とても重要です。

また、販売方法によっても栽培の方法が異なるので、自分に合った栽培を見つけるために試行錯誤を重ねることもあるようです。もくもく耕舎さんでは、最初はスーパーマーケットに出荷していたので、収穫しやすい夏場にたくさんの野菜を出荷するような栽培をしていましたが、宅配を始めるようになって、長く収穫できるスタイルに変更したり、野菜の品種や種類を充実させたりと、日々改良して、自分の目指す野菜をつくるために、終わりのない努力を重ねています。

## 6：販売する

農家になって、野菜がつくれるようになったら、販売して現金収入を得ましょう。どの農家も最初はお客さんがいませんから、最初はごくごく身近なところからお客さんになっていただくようです。友人、実家、親戚、お母さんの友達などが最初のお客さんだったと皆が言います。

その他は口コミで徐々にお客さんを増やしていったり、朝市や農業系のイベントに参加してチラシを配ったり、ブログやホームページで宣伝したりと、若い農家ならではのセンスの良さや、機動力の良さで勝負をしてください。これまでに、他業種で働いた経験のある人は、その経験をどんどん取り入れていくとよいと思います。

1、2年目は「野菜は収穫できても売り先がない」といったこともあるようですが、そうした時期は、多少は別のアルバイトをするなどして、現金収入を得ることもいいでしょう。

地道においしい野菜をつくっていれば、少しずつでも着実にお客さんは増え、どんな農家もなんとか生活できるようになっていくようです。

このような方法で自給自足的な農家になることも可能です。大変なこともあると思いますが、自分を信じて、それぞれの方法で「畑のある生活」を始めてみてください。

# あとがき

「農家になろう」

10年ほど前に、そう思ったことがすべての始まりでした。結局私は「農家」という道は選びませんでしたが、それからずっと「農家」に魅せられ続けています。特に「やさい暮らし」を始めてからは、毎日のように電話やメールで彼らとのやりとりがあったり、取材で彼らの家に出入りすることも多々あり、自給自足的な農家たちとの距離がぐっと縮まりました。そうしたやりとりで触れる彼らの理念や生活スタイルには、驚かされることの連続でした。

何件かの農家のインタビューに、「助けようと思って、アフリカやタイの発展途上国に行ってみたら、助けられるどころか助けられた」という話がありましたが、私もまさにそのような状況だったのです。「やさい暮らし」を始める前の私は、農家に憧れる反面、心のどこかには「農家を助けなければ」という、おごりに似た気持ちがあったのだと思います。しかし、実際に彼らの家に行き、一緒にごはんを食べたり、泊まらせてもらって彼らの生活を体験してみると、助けるどころか「本当に豊かな生活とはこういうことだったのか」と目から鱗が落ちるような感動をいただくばかりでした。自然を敬うこと、自然のペースに自分を合わせること、環境にも食べる人にも負担を与えないように気を遣った農法で野菜を育てること、丁寧に愛情を持って仕事をすること、家族との時間を大切にすること。こうした、彼らの価値観に触れるたびに、長年溜まった毒が体からスッと抜けていくような清々しさを感じずにはいられませんでした。まさに、農家に救われることばかりだったのです。

「本を書きませんか」という突然のお誘いに、自分にそんな大役が務まるのだろうかという不安はありましたが、私が農家からいただいた感動を、少しでもお伝えすることができたらという思いで筆をとりました。

日本に生きる私たちは、世界的に見ても比較的豊かな生活を送っているといえると思います。しかし、一人ひとりが幸せを感じて生きているかというと決してそのようには思えません。

私も明け方まで会社で働き、ワンルームのマンションに帰っては「私は何のためにこんなに働いているのだろう」と独り言をつぶやいてしまうような、空しい日々を送り続けたことがあります。しかし、それでも、そうした生活を止められなかった大きな理由は、「食べるためには仕方がない」という思い込みで、自分をがんじがらめにしていたからです。

確かに、仕事や勉強を頑張ることはとても大切なことです。食べるために働くことも悪いことではありません。しかし、生き方は決してひとつじゃない。私たちが知っているスタイル以外にも生きる方法はあるのです。

「農」を中心として、こんなにも豊かに、力強く生きている人たちがいる。そんなことを知ってほしかったのです。農家たちは自由です。そして、いい意味でとても我儘です。彼らの理念の根底には、環境に負担をかけない農法を、グローバル経済に代わる新しい経済を、といった社会的なものが多く含まれていますが、彼らの最大の魅力は、そうしたことではないように思えます。自分自身が信じることにまっすぐに生きている潔《いさぎよ》さこそが彼らの最大の魅力です。

今の生活に満足している人はそのままでいい。しかし、何かに疑問に感じている人は方向転換をすることも可能なのかもしれない。そんなことをお伝えしたかった。なぜなら、今、農家として自給自足的な毎日を送っている彼らも、少し前までは私たちと同じように、悩み、自分探しをしていたひとりの人にすぎなかったのですから。

パン屋でも、ラーメン屋でも、会社勤めをしながらでも、もっと自分の人生を愛して、人を愛して、日々を楽しむことが、私たちには許されているように思います。

という私も、実はまだまだ生き方の模索中です。これから、どのくらい自由で楽しい人生を送ることができるかわかりません。でも、できると信じてみたい。

この本を読んでくださった方が、昨日より明日が少し楽しみになってくれたならとても嬉しく思います。

最後になりましたが、不慣れな私の執筆に根気よくお付き合いいただき、丁寧にアドバイスや励ましをくださった、菅付事務所の菅付雅信さん、藤原百合子さん。朝日出版社の赤井茂樹さん、鈴木久仁子さん、大槻美和さん。きれいな装丁に仕上げてくださった奥定泰之さんに心より感謝申し上げます。

また、私のつたない文章に最後までお付き合いいただいた読者の皆様に御礼申し上げたいと思います。ありがとうございました。皆様の明日が、今日よりもっと素敵になりますように。

伊藤志歩

LEVEL1　自給自足的な農家の野菜を食べる

# 農家から野菜を取り寄せる

◉やさい暮らし　http://www.yasai-gurashi.com/

本書の第3章でご紹介した、はぐくみ自然農園、シャンティふぁ〜む、もくもく耕舎、自然農園レインボーファミリー、しげファーム、七草農場、えがおファーム、みやもと山から、農薬や化学肥料を使わずに育てた野菜セットや、アイガモで育てたお米、お餅などをお取り寄せできます。

〒151-0064　東京都渋谷区上原1-47-8 1F
TEL：03-3468-5335

# 自然食品店で買う

◉グルッペ　http://www.gruppe-inc.com/

約30年の歴史を持つ、老舗自然食品店の一つです。荻窪店、吉祥寺店、三鷹店があり、荻窪店では自然食レストランも運営しています。

〒167-0051　東京都杉並区荻窪5-27-5（荻窪本店）
TEL：03-3398-7427
営業時間：10:00〜19:30
定休日：日曜日

◉ほびっと村　http://www.nabra.co.jp/hobbit/hobbit_mura.htm

自然食品店の草分け的存在。1階は八百屋、2階レストラン、3階では本屋となっており、オルタナティヴ関係の各種イベントも開催しています。

〒167-0053　東京都杉並区西荻南3-15-3
TEL：03-3331-3599
営業時間：平日　10:00〜20:00／日曜　11:00〜19:00（1F）
定休日：なし

◉ガイア　http://www.gaia-ochanomizu.co.jp/

お茶の水店、代々木上原店、下北沢店があり、お茶の水店では、地下1階が生活雑貨、1・2階が食料品、3階が本やＣＤと総合ショップになっています。

〒101-0062　東京都千代田区神田駿河台3-3-13（お茶の水店）
TEL：03-3219-4865
営業時間：月～土　11:00～20:00／日・祝　12:00～19:00
定休日：なし

◉リマ　http://www.lima.co.jp/

マクロビオティックの考えに沿った商品の買える老舗ショップ。農産物や、調味料、加工品など、様々な食材が手に入ります。

〒151-0065　東京都渋谷区大山町11-5
TEL：03-3465-5021
営業時間：10:00～19:00
定休日：なし（1/1、1/2を除く）

◉マザーズ　http://www.mothers-net.co.jp/

東京近郊にオーガニック・スーパーマーケット5店舗と、レストラン、お惣菜屋、パン屋などがあります。

〒227-0043　神奈川県横浜市青葉区藤が丘2-5（藤が丘店）
TEL：0120-935-034
営業時間：10:00～21:00
定休日：なし

◉ナチュラルハウス　http://www.naturalhouse.co.jp/

全国に28店舗を持つ、国内最大級の自然食品店。野菜、生鮮食品、雑貨など商品を豊富に取りそろえ、お弁当やお惣菜なども販売しています。

〒107-0061　東京都港区北青山3-6-18（青山店）
TEL：03-3498-2277
営業時間：10:00～22:00
定休日：無休（年末年始を除く）

# ファーマーズ・マーケットで買う

東京、神奈川、愛知県で定期的に開催されているファーマーズ・マーケットです。農家自らが採れたての新鮮野菜を販売しているので、生産者と話をしながら野菜を買うことができます。

◉東京朝市アースデーマーケット　http://www.earthdaymarket.com/

開催日：毎月1回　詳細はホームページで
開催時間：10:00 ～ 17:00
開催場所：代々木公園　けやき並木
問合せ：アースデーマーケット実行委員会　TEL：03-6806-9281

◉青空市場　http://www.aozora-ichiba.co.jp/

開催日：詳細はホームページで
開催時間：10:00 ～ 16:30
開催場所：東京国際フォーラム広場　〒100-0005　東京都千代田区丸の内3-5-1
問合せ：青空市場実行委員会事務局　TEL：03-5755-0480

◉ファーマーズマーケットわいわい市　http://www.jakanagawa.gr.jp/sagami/

営業日：毎日（第3水曜日、1月1日～3日は休業）
営業時間：11月～3月　9:30 ～ 17:00 ／ 4月～10月　9:30 ～ 18:00
営業場所：〒253-0106　神奈川県高座郡寒川町宮山233-1
問合せ：JAさがみ　わいわい市　TEL：0467-72-0872

◉オアシス21えこファーマーズ朝市村　http://asaichimura.hp.infoseek.co.jp/

開催日：第2・第4土曜日
開催時間：9:00 ～ 12:00（売り切れ次第終了）
開催場所：オアシス21　〒461-0005　愛知県名古屋市東区東桜1-11-1
問合せ：オアシス21えこファーマーズ事務局　TEL：052-782-2837
（当日はオアシス21管理事務所 TEL：052-962-1011まで）

# 農業を体験する

◉WWOOF JAPAN　http://www.wwoofjapan.com

日本全国300ヵ所以上の有機農家や農家民宿などの中から、自分に合う好きな場所で、作業を手伝いながら農の知識が学べます。「力」を提供し、「食事・寝場所・知識」をもらう交換の仕組みです。年間登録費5,500円。

〒065-0042　札幌市東区本町2条3-6-7
問合せ：サイトのお問合せフォーム、またはファックス（011-780-4908）にて。

◉ボラバイト　株式会社サンカネットワーク　http://www.volubeit.com/

「ボランティア」と「アルバイト」要素を合わせた、農作業体験や地方の人たちとふれあうことを目的とした働き方です。バイト料は平均して日給4,000円程度。登録料などはありません。

〒168-0064　東京都杉並区永福4-24-4
TEL：03-5355-1818

# 農家民宿で農家体験

◉自在屋　http://homepage3.nifty.com/jizaiya/

野菜の収穫体験、山菜採り、きのこ採りなどの農家体験ができます。宿泊は、近くの温泉宿となります。

〒019-2412　秋田県大仙市協和荒川字下荒川55
TEL：018-892-3005
宿泊費：大人（中学生以上）1泊2食10,375円（宿泊・体験料、税サ込）／小学生7,825円／園児5,825円（同上）

◉おりざの森　http://ww5.et.tiki.ne.jp/~amedio/oriza-index.htm

築100年を超える古民家に泊まり、農作業体験や、調理体験ができます。日中は喫茶店としても利用できます（農作業のため休業する場合あり）。

〒981-4315　宮城県加美郡加美町中嶋南田
TEL：0229-67-5091
宿泊費：1泊朝食付　5,000円（子人4,000円）※要予約

◉民宿ひらい　http://www.kimino.jp/hirai/

昔ながらのかまどのある古民家に泊まりながら、茶摘みやこんにゃく作りなどの農家体験ができます。

〒640-1475　和歌山県海草郡紀美野町小西266
TEL：073-499-9919
宿泊費：素泊まり　2,500円から

◉農家民宿かかし　http://park6.wakwak.com/~kakasi/

元プログラマーが営む農園民宿で、さつまいも掘りやブルーベリーの収穫などの農作業体験ができます。

〒379-1415　群馬県利根郡みなかみ町西峰須川129
TEL：0278-64-1204
宿泊費：1泊2食付　7,500円（税込）

◉貸民家みらい　http://mirai-net.com/

古民家を丸ごと借りられる貸別荘。野菜の収穫や、納豆つくり体験などの農家体験メニューも豊富です。

〒942-1526　新潟県十日町市松代5316-3
TEL：025-597-2561
宿泊費：1泊2食付　7,200円／3,800円ほか

## 農業系イベントに参加する

◉NPO法人　えがおつなげて　http://www.npo-egao.net/

子供と一緒に参加できる農業体験や、「箱膳」という昔ながらの食事用具をつかった食事など、様々なイベントを開催しています。

〒408-0313　山梨県北杜市白州町横手2910-2（山梨事務局）
TEL：0551-35-4563

◉NPO法人　トージバ　http://www.toziba.net/

大豆を育てるイベントや、みんなで種をまく種まきイベントなど、都会の感覚のままで農を楽しめるイベントを開催しています。

〒141-0033　東京都品川区西品川2-12-20
TEL：080-5459-7638（事務局　神澤）

◉NPO法人　里山ねっと・あやべ　http://www.satoyama.gr.jp/

米作り塾や、茶摘みなどの体験イベントや、綾部里山交流大学といった農や自然を学ぶ講座も行っています。また、綾部市内の農家民宿の紹介や田舎暮らし相談も行っています。

〒623-0235　京都府綾部市鍛治屋町茅倉9
TEL：0773-47-0040
あやべ定住サポート総合窓口　TEL：0773-43-3723

## LEVEL3　地球を学ぶ

◉NPO法人　パーマカルチャー・センター・ジャパン（PCCJ）
http://www.pccj.net/

じっくり1年かけてパーマカルチャーを学べます。講座中心のデザインコースと、体験中心の実習コースがあります。

〒229-0206　神奈川県相模原市藤野町牧野1653
TEL：0426-89-2088

◉舎爐夢（シャロム）ヒュッテ　http://www.ultraman.gr.jp/˜shalom/

パーマカルチャーや自然農、アーユルヴェーダやヨガなどを学ぶことができる様々な講座やイベントがあります。

〒399-8301　長野県安曇野市穂高有明7958
TEL：0263-83-3838

◉NPOふうど（特定非営利活動法人　小川町風土活用センター）
http://www.foodo.org/index.html

自然エネルギーを始めとする、資源循環の実例を見学することのできるオープンデーや、自然エネルギーや野菜つくり、森づくりを学ぶ講座が開催されています。

〒355-0300　埼玉県比企郡小川町大字角山208-2
問合せ：ogawa@foodo.org

◉赤目自然農塾　http://iwazumi2000.cool.ne.jp/

耕さない・肥料農薬を用いない・草や虫を敵としない自然農を、川口由一さんから一年を通して実践しながら学ぶことができます。

問合せ：
柴田幸子　〒518-0116　三重県伊賀市上神戸720　TEL：0595-37-0864
澤井久美　〒656-2141　兵庫県淡路市塩尾729-2　TEL：0799-62-3517

◉PARC自由学校　http://www.parc-jp.org/

東京の練馬区の農園で農業を学ぶ講座や、環境や経済、アジアについてなど様々な切り口で今と未来を学ぶことができる講座があります。

〒101-0063　東京都千代田区神田淡路町1-7-11　東洋ビル
TEL：03-5209-3455

## ベランダガーデンを始める

在来種・固定種の種を買うことができます。

◉たねの森　http://www.tanenomori.org/

〒350-1252　埼玉県日高市清流117
TEL：042-982-5023

◉野口種苗　http://noguchiseed.com/

〒357-0067　埼玉県飯能市小瀬戸192-1
TEL：042-972-2478

◉光郷城《こうごうせい》　畑懐《はふう》　http://hafuu.hamazo.tv/

〒430-0851　静岡県浜松市中区向宿町2-25-27
TEL：053-461-1472

## 畑のみを借りる日帰り型市民農園

◉農林水産省ホームページ「市民農園をはじめよう」
http://www.maff.go.jp/j/nousin/kouryu/simin_noen/index.html

全国各地の市民農園を探すことができます。

問合せ：農林水産省農村振興局農村政策課都市農業・地域交流室

## 畑と家を借りられる滞在型市民農園

◉笠間クラインガルテン
http://www.city.kasama.lg.jp/garten/index.htm

〒309-1633　茨城県笠間市本戸4258
問合せ：笠間クラインガルテン事務所　TEL：0296-70-3011

◉クラインガルテン妙高　http://www.kleingarten-myoko.net/

問合せ：クラインガルテン妙高管理事務所
〒949-2235　新潟県妙高市関山6142-1　TEL：0255-82-2901
妙高市農林課山村振興係
〒944-8686　新潟県妙高市栄町5-1　TEL：0255-74-0028

◉緑が丘クラインガルテン
http://www.city.matsumoto.nagano.jp/buka/soumubu/siga/garuten/

〒399-7411　長野県松本市中川1747-1
問合せ：松本市四賀支所ゆうきの里づくり課　TEL：0263-64-3115

◉ささやまいなか家　http://www.city.sasayama.hyogo.jp/

〒669-2434　兵庫県篠山市殿町乾谷坪217他
問合せ：兵庫県篠山市役所まちづくり部農林政策課　TEL：079-552-5553

◉クラインガルテン八千代　http://www.town.yachiyo.ibaraki.jp/

〒300-3592　茨城県結城郡八千代町大字松本地内（グリーンビレッジ南）
問合せ：茨城県八千代町 産業振興課　TEL：0296-49-3943（直通）

LEVEL5　思い切って自給自足的な農家になる

# 1　どんな農家になりたいのかイメージを固める

◉新・農業人フェア
http://www.nca.or.jp/Be-farmer/event/index.php

農業をこれから始めたい人に対して様々な情報提供をしてくれるイベントです。新規就農するためのガイダンスや、支援や研修についての相談受付けのほか、研修生を探している農家や求人をしている農業法人の説明ブース、各都道府県新規就農相談センターの相談ブースなどが設けられています。

会場：札幌／東京／大阪で開催
日程：不定期で開催されていますので、日程はホームページでご確認ください。

◉社団法人　日本農業法人協会　農業インターンシップ
http://www.hojin.or.jp/

農業への理解を促進し、農業法人への就職や就農を推進することを目的として、全国170件以上の提携農業法人へのインターンシップを斡旋してくれます。分野は、野菜や果物をつくる農家や畜産、酪農など様々です。
〒105-0001　東京都港区虎ノ門1-25-5　虎ノ門34MTビル5階
TEL：03-5156-0365

## 2　農家になるための技術を身につける

◉有機農業研究会　http://www.joaa.net/

年に1回、新規就農者に向けて「有機農業入門講座」を開催しており、先輩就農者の話を聞くことができます。また、就農希望者には研修先も紹介してくれます。

〒113-0033　東京都文京区本郷3-17-12　水島マンション501号室
TEL：03-3818-3078

# 伊藤志歩（いとう・しほ）

１９７３年生まれ。広告代理店でのカメラマンを経て、フランス、日本各地を巡る中、自然の素晴らしさに目覚める。自然と共存して生きる「農家」という存在に惹かれるようになると共に、食と農業の乖離の問題に気付き、それを解決するため野菜の流通業を目指す。千葉県の農家での住み込み、有機野菜の流通会社での勤務経験を経て、２００６年７月に株式会社アグリクチュールを設立。同年９月に農家を選んで野菜を買うセレクトショップ「やさい暮らし」をオープンさせる。

ジュニア・ベジタブル&フルーツマイスター（野菜ソムリエ）の資格を持ち、東京朝市・アースデーマーケットの実行委員を務める。

やさい暮らしホームページ

http://www.yasai-gurashi.com/

# 畑のある生活

2008年7月25日　初版第1刷発行

著　者　伊藤志歩

装　丁　奥定泰之
DTP制作　越海辰夫
カバー写真　伊藤志歩
イラスト　たむらかずみ
編　集　菅付雅信＋藤原百合子（菅付事務所）
朝日出版社第2編集部
発行者　原 雅久
発行所　株式会社朝日出版社
〒101-0065 東京都千代田区西神田3-3-5
TEL. 03-3263-3321 / FAX. 03-5226-9599
印刷・製本　凸版印刷株式会社

ISBN978-4-255-00441-9 C0077